只有在未知的世界里，
你才有可能战胜比自己更强大的对手！

U0228786

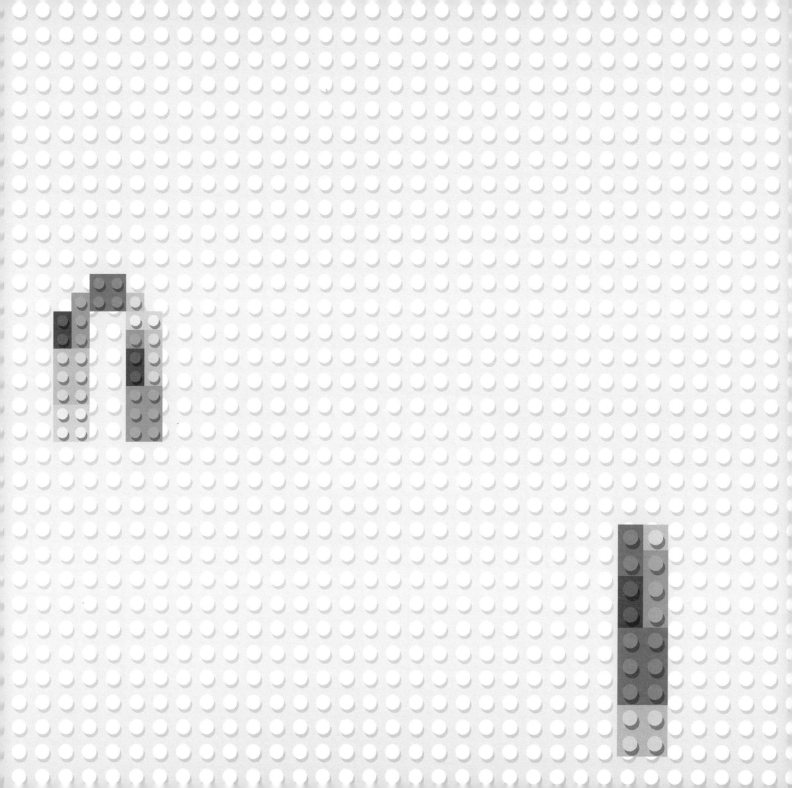

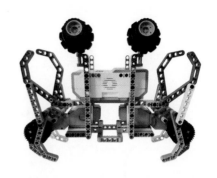

乐高机器人EV3设计指南

创造者的搭建逻辑

大海乐高机器人教育团队　编著

化学工业出版社

·北京·

本书围绕乐高EV3机器人，以图文相辅的方式对机器人的结构设计、搭建技巧进行完美展示，全书分为4个部分：第1部分介绍乐高机器人EV3入门基础知识，包括基本组件以及编程指南；第2部分和第3部分分别为机械任务系列和仿生任务系列，从搭建步骤、难点解析、注意事项及设计理念等角度展示了16个极具创意的乐高机器人搭建作品，每个作品还可扫码观看演示视频；第4部分为挑战任务，分析了3个难度较大的乐高作品的搭建逻辑，以期读者能够深刻领会乐高机器人结构设计和搭建的精髓。

本书适合任何对乐高机器人EV3感兴趣的读者，无论是少年还是成年人，都可以从中获得创造的快乐。

图书在版编目（CIP）数据

乐高机器人EV3设计指南：创造者的搭建逻辑/大海乐高机器人教育团队编著. —北京：化学工业出版社，2019.8
ISBN 978-7-122-34619-3

Ⅰ.①乐… Ⅱ.①大… Ⅲ.①智能机器人-程序设计
Ⅳ.①TP242.6

中国版本图书馆CIP数据核字（2019）第101366号

责任编辑：曾　越　　　　　　装帧设计：王晓宇
责任校对：刘　颖

出版发行：化学工业出版社
　　　　　（北京市东城区青年湖南街13号　邮政编码100011）
印　　装：北京缤索印刷有限公司
889mm×1194mm　1/20　印张14¹⁄₂　字数373千字
2019年11月北京第1版第1次印刷

购书咨询：010-64518888
售后服务：010-64518899
网　　址：http://www.cip.com.cn

凡购买本书，如有缺损质量问题，本社销售中心负责调换。

定　　价：79.00元

关于EV3

这一段话是写给第一次接触EV3的读者的，如果你早已了解并熟识它，大可以跳过这一段，如果你是第一次接触它，那么，欢迎你来到这个新世界！

EV3是乐高旗下Mindstorms系列的一份子，这个系列诞生于1986年，迄今已经经历了三个版本，EV3是最新的第三版，它的原理和普通的乐高玩具相似，凭借凹和凸之间的结合达到固定的效果，但是，EV3舍弃了较为鲜艳的涂装，融合了电动的模块，使其拥有了电机、传感器等多个部件，并开发出了整合信息、传达命令的主机，使得一个可以完全按照作者心意创造的乐高系列横空出世。

相较于其他的乐高系列，EV3就如同一张白纸，因为其本身没有任何色彩，才使得创造者们的思维所给予它的颜色更加绚丽夺目，这是一个等待我们去创造的世界。

关于本书

这是一本关于乐高EV3搭建和编程案例的书籍，在书中，你可以看到不同年龄段的创造者们用乐高EV3模仿天上翱翔而过的雄鹰，水中横行霸道的螃蟹，也可以看到小时候那些承载美好回忆的秋千、木马，甚至还可以在这个由积木和思维串联而成的世界中，品味花开的宁静美好，领略来自想象中的生物。

当然，在这本书中，你可以看到创造者们是如何发现生活中的平凡事物，又是怎样去探究它们背后的原理，你也可以看到创造者们是怎样给自己提出难题，又是怎样一步一步地解决它们，在这本书中，平常那些被我们忽略的过程和思维的轨迹，都将呈现在你的眼前。

关于创造者

这本书最不同寻常的一点，大概就是它的创造者们了，他们的平均年龄绝对令你感到惊讶——不超过十五岁，最大的也才二十出头，最小的还只是天真稚嫩的小学生，在一个听起来离写书著作尚且遥远无期的年龄，他们完成了这本书并置于你的面前。

或许他们当中有的文笔语言十分青涩，有的充满青春期鲜明的印记，远远达不到老练而富有技巧的程度，但是也正是这样的年纪，才有了书中天马行空的想象，无拘无束的做法，同时，你也可以从不同年龄的创造者身上，看到在乐高学习中同学们的成长，从小学时的跳脱机敏，但是有些丢三落四，再到中学时的逻辑缜密，多出的几分稳重，最后是大学毕业后的截然不同的成熟，文字间再没有懵懂的气息，取而代之的是专注和极强的目的性。

这本书就像一个横切面，将一个人学习乐高的不同时期铺陈开来，让你清晰地看到他的变化，也让你有了认识乐高的不同角度，每个年龄都是一块滤镜，从此，EV3在你的眼里就有了十几种不同的色彩。

关于作品

正如之前所说，这些作品都蕴含着创造者个人的思维，同时它们本身也将带给你惊奇的视觉享受，你或许会惊讶于乐高还能搭建出如此多的形态，之前那些关于机器人的刻板印象都将一扫而空。

可以说，在这一方面，EV3搭建是一种艺术，因为它是源于生活而高于生活的，它模仿生活中的事物，但同时又在模仿的基础上表现出创造者个人的想法和认识，正如同十个人描写一个场景，每个人都会有不同的关注点，有的人会移情于场景，有的人则会跳出场景思考其背后的成因，有的人则是认认真真地描写每一个细节……同样的，在EV3的搭建过程中，同样是搭建一个物品，却没有两个完全一样的作品，那是因为它们都或多或少的带有个人色彩，你亦可以说，它们是创造者写的一首诗，不过是将纸笔换做了零件和电流。

这些作品，真的像诗一样，它们描写你所熟识的，幻想你所不知的，以电机转动的声音做韵脚，以梁销相碰的声音做标点，用朴素的零件颜色留白，用奇妙的逻辑思维抹上颜色。

关于创作背景

创作这本书的想法源于2017年暑假时的APRC机器人比赛，七分得奖后的热血澎湃，三分想要表达些什么的冲动，促成了这本书。

获奖的经历大家都有过，那是抑制不住上扬的嘴角，高速跳动的心脏，和一番畅快淋漓的爽意。

但是那几分钟的时间究竟短暂，我们希望能有一些能够长久保存的，关于EV3的记忆，最终，我们选择了将情绪和认知沉淀到文字中，让更多的人分享我们的快乐和忧伤，分享我们对于EV3与众不同的看法。

关于搭建逻辑

前言的最后一个部分，是关于这个有些拗口的书名。

在对它做出解释前，请先允许我说一个小故事。

在2017年暑假举行的机器人比赛中，我们机构参加了机器人投篮的项目，所运用的投篮方式类似于古代的投石机，以杠杆原理达到稳定和高效，不出意外，我们斩获了小学组的冠亚季军和中学组的冠亚军。

在比赛的过程中，观察其他队伍的解决方案，我发现许多队伍都选择了橡皮筋——一种难以掌握，并且拥有很大不可预测性的零件，后来询问老师才得知是因为在组委会给出的参考方案中，就使用了橡皮筋进行弹射以达到投篮的目的。

我不清楚有多少队伍是直接不假思索地使用组委会给出的方案，又有多少队伍在经过一番冥思苦想之后却依旧毫无头绪才向现成的答案屈服，但是无一例外的，在比赛的高强度对抗下，橡皮筋的不稳定性使这些队伍都发挥平平。

可以说，当我们选用杠杆时，我们就已经领先了大半。

那么我们是如何想到使用它的呢？我想，那就是从看到组委会给出的答案后，依然询问自己有没有其他方法时开始的。

EV3的搭建是一个很需要耐力的过程，因为你总是要不停地去问自己，有没有其他更好的方案，并且不停地去尝试这些新的想法，但是这些想法在大多数情况下并不会比原来的更好，甚至有的时候更差。

这同样也是一种很幼稚的过程，因为你始终要坚信总还有一个更好的方法，即使有的时候连自己都开始怀疑，但是只有这样锲而不舍地对自己方案的怀疑，才会让你看到一个个新的问题，而和老师学习EV3的过程，不过是为你的答案找到实践的方法。

所以，这本书向你展示的只是千万个想法中的一个，它不是最好的答案，也不存在什么所谓的标准答案，甚至让这些创造者们在一个月后重新制作，他们也会给出一个完全不同的作品。

在我看来，如果EV3有什么简单易懂的逻辑，那就是不断地发现问题，然后解决，仅此而已。

它是问题本身，也是解决的办法。

那么，前言到此结束了，接下来，就请你翻开下一页，去领略这片世界的无穷魅力吧。

李华晴

目 录

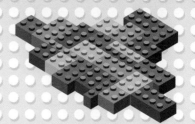

第**1**部分

走进乐高机器人 EV3

任务 **1** 乐高 EV3 主要组件功能介绍 ❶

1.电子组件（硬件）

（1）核心程序块 ☀

功能：机器人的中枢系统，接收计算机的程序，并运行程序。运行程序时它可以按照对应的模块做出相应的动作，并通过电线命令其他电子组件做出动作。它还可以通过电线接收各个传感器检测到的数据。

（2）大型电机 ☀

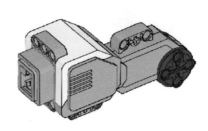

功能：通过电线了解核心程序块下达的命令，并且执行。它头上的红色部分在接收到命令时可以转动，你可以在可转动部分连接梁或是轮轴。在编写程序时，你可以设定它运行的功率、角度、圈数或时间。输出功率大于中型电机或小型电机。

---

❶ 这里所介绍的零件只是指本书中所用到的主要零件。

（3）中型电机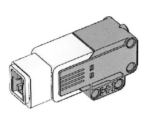

功能：通过电线接收核心程序块下达的命令，并且执行。它的前端在接收到命令时可以转动，你可以在可转动部分连接轮轴。在编写程序时，你可以设定它运行的功率、角度、圈数或时间。输出功率介于大型和小型电机之间。

（4）触动传感器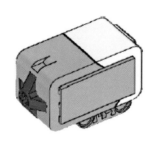

功能：它的上面有一个按钮，它能检测按下、松开和碰撞三种状态，并将接收到的数据通过电线传输到核心程序块。

（5）颜色传感器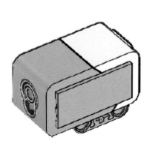

功能：它有三种模式，你可以让它检测环境光强度，也可以检测反射光线强度，还可以检测颜色。并通过电线将它检测到的数据传输到核心程序块。

（6）超声波传感器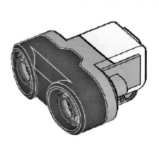

功能：左边的声波发射器可以发射声波，右边的声波接收器可以接收声波。通过计算反射的时间到接收的时间的时间差，判断与阻挡物的距离，它的存储系统只有 1 个无符号字节，所以它有能力检测到的距离上限只有 255cm。

（7）电线

功能：也叫导线，它可以将传感器检测到的数据传输到核心程序块，也可以传输核心程序块下达的命令。

2.结构组件

（1）梁

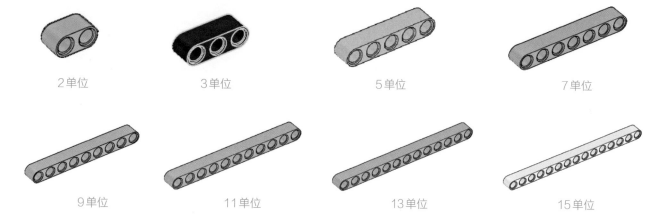

2单位

3单位

5单位

7单位

9单位

11单位

13单位

15单位

功能：对整个框架主体进行支撑，或者固定框架。

（2）90°梁（直角梁）

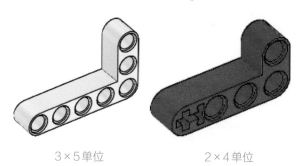

3×5单位

2×4单位

功能：使梁有能力转直角。

（3）角梁

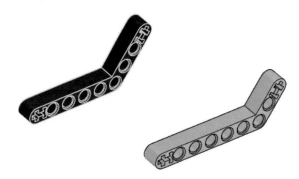

功能：固定有角度的结构。

（4）双135°梁

功能：互锁框架，支撑。

（5）方形框架

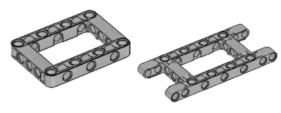

5×7单位 　　　　　　　 5×11单位

功能：支撑结构，适用于做框架。

3.机械组件

（1）轮轴

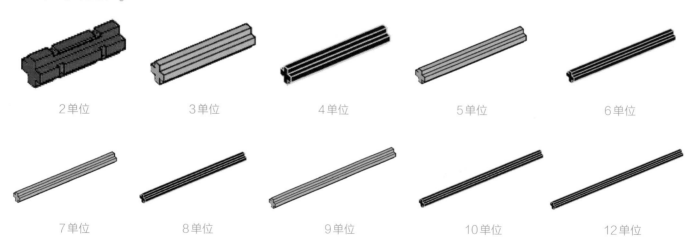

2单位　　　3单位　　　4单位　　　5单位　　　6单位

7单位　　　8单位　　　9单位　　　10单位　　　12单位

功能：安装轮毂以及齿轮。

（2）齿轮

| 8齿 | 12齿 | 16齿 | 24齿 | 40齿 |

功能：调节速度、力量，或改变力的方向。

（3）双锥齿轮

| 12齿 | 20齿 | 36齿 |

功能：调节速度、力量，或改变力的方向。

（4）履带

功能：增加接触面积及摩擦力。

（5）皮筋

功能：储存释放弹性势能。

（6）摩擦增强器

功能：增加履带的摩擦力。

（7）蜗轮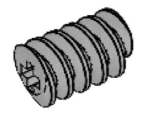

功能：可使齿轮转动，但齿轮无法将其转动。

（8）轮毂

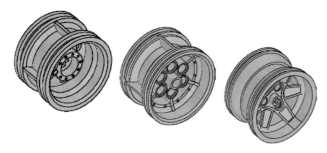

功能：和轮胎配合组装成为机器人的轮子，也可不和轮胎组装，在此情况下所受摩擦力小于组合摩擦力。

（9）轮胎

功能：增加摩擦力，使机器人主体移动。

（10）齿条

功能：有能力与齿轮进行啮合，适用于制作活塞。

（11）钢球和球座

钢球　　　　　　　　　球座

功能：使机器人主体有能力向任何方向转弯的轮子，还可以为机器人增加重量，稳定底盘。

（12）轴套管

1/2单位轮轴轴套管　　　　1单位轮轴轴套管

功能：固定轮轴，防止轮胎和其他结构接触。

4. 互锁组件

（1）连接销 ☀

黑色连接销　　　　　　　灰色连接销　　　　　　　蓝色连接销

黄色连接销　　　　　　　红色连接销　　　　　　　轴销转换器

功能：将不同的结构组件相互搭建到一起的紧固件。

连接销颜色不同，代表的稳定程度也不同，具体如下表。

分类	稳定程度
黑色连接销	高
灰色连接销	低
蓝色连接销	高
黄色连接销	低
红色连接销	高
轴销转换器	高

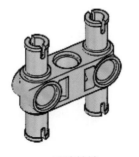

双连接销　　　　　　直角连接销　　　　　　单连接销

（2）销连接管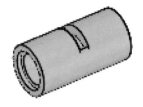

功能：连接两个销。

（3）通用关节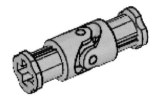

功能：使轮轴有能力在不同方向转动。

（4）交叉块

 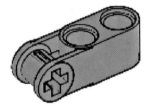 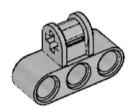  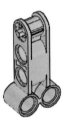

| 1单位 | 2单位 | 3单位 | 2×2单位 | 2×3单位 |

功能：使有能力进行空间组合，可以互锁不同水平面上的结构。

（5）连接管

| 2单位轮轴连接管（套管） | 180°角块 | 90°角块 | 0°角块 |

功能：连接两个轴。

任务 ② 乐高EV3编程指南

作者：李彭嘉（人大附中航天城学校）

乐高Mindstorms EV3（后文简称EV3）编程软件是一种图形化的编程软件。它使用抽象的彩色模块来创建程序，这些模块分别在六个不同颜色的选项卡里——绿色代表动作模块，橙色代表流程控制模块，黄色代表传感器模块，红色代表数据操作模块，蓝色代表高级模块，青色代表"我的模块"。

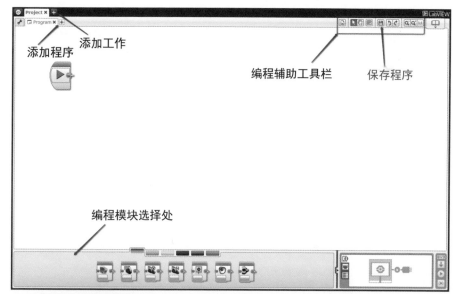

乐高Mindstorms EV3编程工作面板

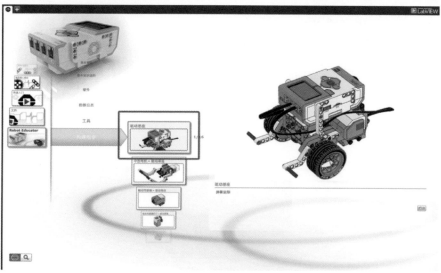

打开"驱动基座"安装手册的地址

1.移动转向模块

移动转向模块是所有 EV3使用者都应该知道如何使用的一个极为重要的模块，它是控制EV3移动的最基本、最简单的模块。

程序案例 1

本程序先让机器人向前行驶3秒，再向左转弯，电机转50°，再向前走一段距离，最后后退。

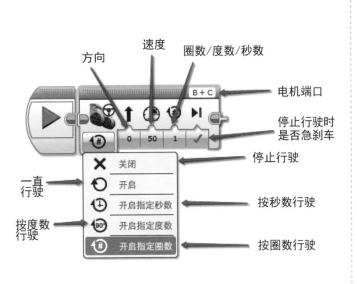

方向　速度　圈数/度数/秒数

电机端口
B+C

停止行驶时是否急刹车
停止行驶

一直行驶 —— 关闭
开启
开启指定秒数 —— 按秒数行驶
开启指定度数 —— 按度数行驶
按度数行驶
开启指定圈数 —— 按圈数行驶

2.等待模块

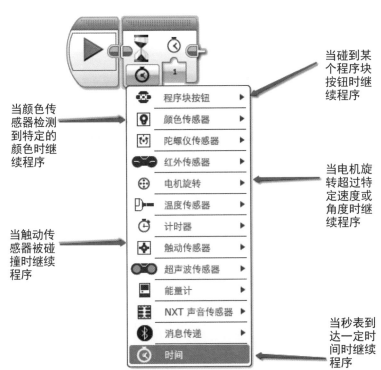

当碰到某个程序块按钮时继续程序

当颜色传感器检测到特定的颜色时继续程序

- 程序块按钮
- 颜色传感器
- 陀螺仪传感器
- 红外传感器
- 电机旋转
- 温度传感器
- 计时器
- 触动传感器
- 超声波传感器
- 能量计
- NXT 声音传感器
- 消息传递
- 时间

当电机旋转超过特定速度或角度时继续程序

当触动传感器被碰撞时继续程序

当秒表到达一定时间时继续程序

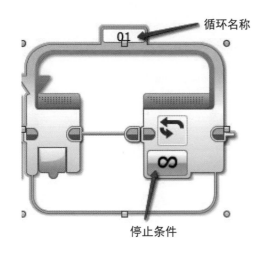

循环名称

停止条件

3. 循环模块

循环模块是一个非常重要且可以让许多模块依次循环的"神奇"模块。它可以设置停止条件——当"循环"模块结束时判断停止条件是否达成，如果达成，就会结束循环。如果你想让条件一达成就停止循环，试试"循环中断"模块吧。

4. 切换模块

切换模块使程序块在若干个选项里以当前的状况进行选择。

 程序案例2

本程序先让A端口的中型电机以每分钟50转的速度开始正转，再让D端口的大型电机正转6秒，之后让A端口上的中型电机反转1秒的同时让C端口的中型电机正转20圈。

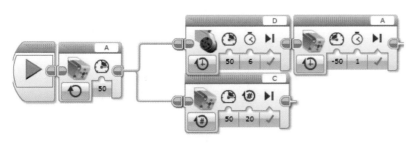

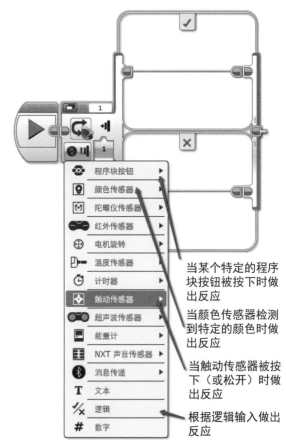

当某个特定的程序块按钮被按下时做出反应

当颜色传感器检测到特定的颜色时做出反应

当触动传感器被按下（或松开）时做出反应

根据逻辑输入做出反应

程序块按钮
颜色传感器
陀螺仪传感器
红外传感器
电机旋转
温度传感器
计时器
触动传感器
超声波传感器
能量计
NXT声音传感器
消息传递
T　文本
逻辑
＃　数字

程序案例 3

本程序先检测 D 端口上的电机角度，再把这个数字显示到屏幕上。

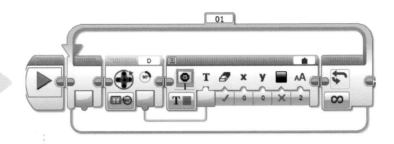

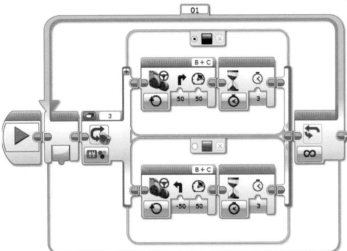

 程序案例 4

本程序检测 3 端口上的颜色传感器的颜色为红色还是黑色（如果是其他颜色默认为黑色），如果是红色就向左转，持续 3 秒；如果是黑色就向右转，持续 3 秒，一直循环。

 程序案例 5——巡线程序

巡线程序是 EV3 里一个非常经典且实用的程序，它的作用是让机器人一直沿线前进。它的原理是当颜色传感器检测到某颜色（此处为黑色）时右转，检测到另一颜色时（此处为白色）时左转。

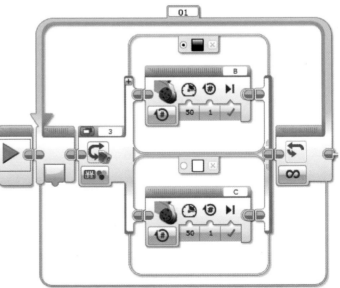

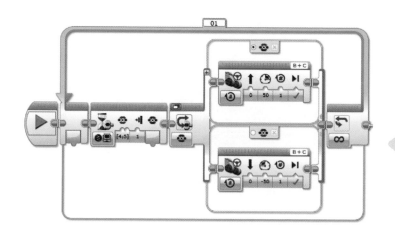

程序案例 6

　　本程序先等待上或下程序块按钮被按下，再根据按的按钮决定前进还是后退。

程序案例 7

　　本程序先让车向前移动一段距离，再让 D 端口上的电机转 1 圈，如此循环，直到触动传感器被按下，最后向前移动一小段距离。

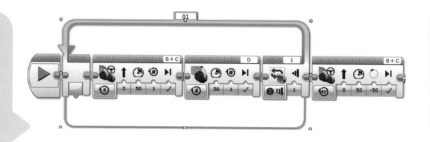

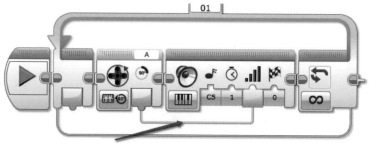

这一条线的作用是让数据传送

程序案例 8

　　本程序检测 A 端口的电机的角度，再根据度数来调整程序块上发出的音量。

5.变量模块

变量模块是EV3复杂程序中非常重要的一个模块。它使EV3记住一个数字、逻辑或一些文本，到需要时读取出来。你可以在一个程序中设置多个变量。

注意：变量模块的名称与变量的作用没有关系。

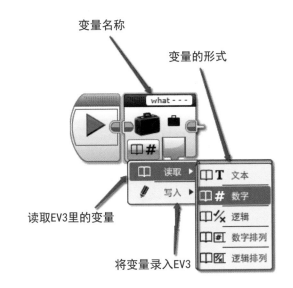

变量名称

变量的形式

读取EV3里的变量

将变量录入EV3

读取
写入

T 文本
数字
% 逻辑
#I 数字排列
% 逻辑排列

程序案例9

本程序在程序块显示屏上显示灯开的时候，按一下程序块按钮，灯关；在关的时候，按一下灯开，一直循环。

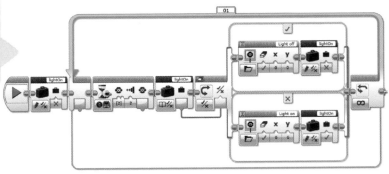

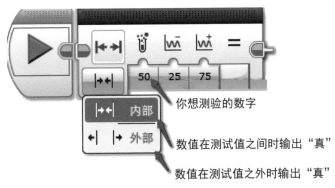

你想测验的数字

数值在测试值之间时输出"真"

数值在测试值之外时输出"真"

6.范围模块

范围模块判断一个数字是否在两个另外的数字（上限、下限）之间。

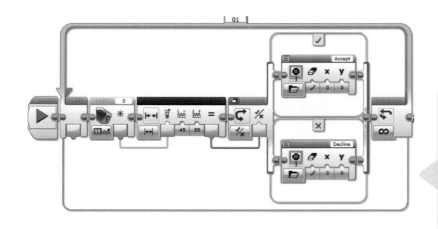

 程序案例**10**

本程序测试3端口的颜色传感器的反射光线强度，如果光线强度在45～55之间就显示勾号，如果不是就显示叉号。

7. 数学运算

"数学运算"模块把一个数字或多个数字自动进行一个或多个运算。

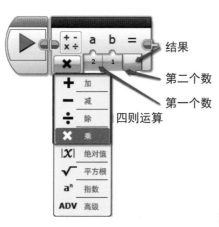

 程序案例**11**

本程序把当前的电机角度除以3后与颜色传感器反光值相乘，再把这个值显示到屏幕上。

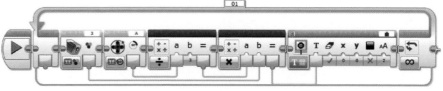

程序案例 12

本程序是一个"近程"遥控器。当机器人检测到左边（端口2）的触碰传感器被按下时，它就会驱动左边的电机，使机器人向右走；当检测到左边的触碰传感器被按下时，就会驱动右边的电机，使它左转。

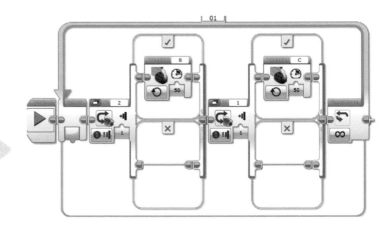

 程序案例 13

本程序先让机器人向前行驶，并稳定0.5秒后只要C端口（和B端口的速度差不多）的电机的速度处在48～52r/min的范围之外就会被判定为撞墙，就会往后退，并且说"sorry"，以此一直循环。

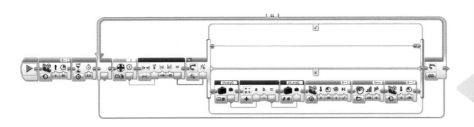

 程序案例 14

本程序测试触动传感器被按动的时间有多长，再根据按动的时间规定它行驶的角度。

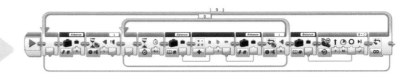

8. 消息传递模块

"消息传递"模块用蓝牙来完成消息的传递，它是机器人远程无线相互传递消息的不可或缺的一个模块。

消息名称

消息要被送达的程序块名称

要送达的消息

9. EV3蓝牙使用指南

① 打开EV3，打开【设置】；

② 打开【Bluetooth】栏，勾选【Bluetooth】选项；

③ 打开【Connections】，点击【Search】选项，稍候至绿灯亮起；

④ 选择要连接并已经打开的EV3，选择【Connect】并静候至绿灯亮起。

 程序案例**15**——蓝牙遥控汽车

第一个程序块（遥控器）上的程序：本程序测试左（和右）程序块按钮是否被按下，如被按下就向名为"car"的程序块发送逻辑消息"真"，反之则发送消息"假"。

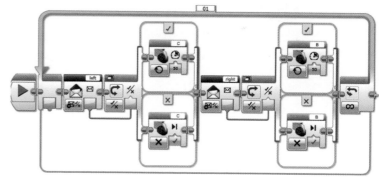

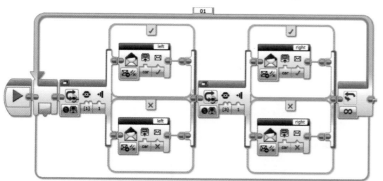

第二个程序块（车）上的程序：本程序让机器人接收第一个程序块（遥控器）传来的指令，根据信息判定是否要转动电机。

10. 我的模块

有时候我们希望可以自己设计一个程序模块，乐高机器人EV3编程软件里就有这样一个功能。现在就介绍一下创建"我的模块"方法。

① 框选要制作为"我的模块"的模块（注意：不要框选到【开始】模块），点击【工具】—【我的模块创建器】。

② 编辑模块【名称】【描述】及【"我的模块"图标】，完成后点击【完成】。

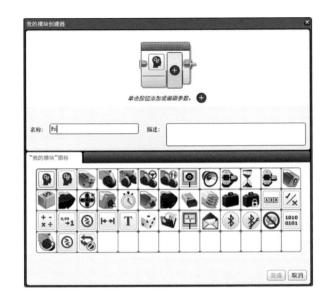

程序案例**16**——秒表

想必大家都使用过秒表，它是一种能计时的工具，有些还带有计次功能。本案例就是要制作一个有计次功能的秒表。

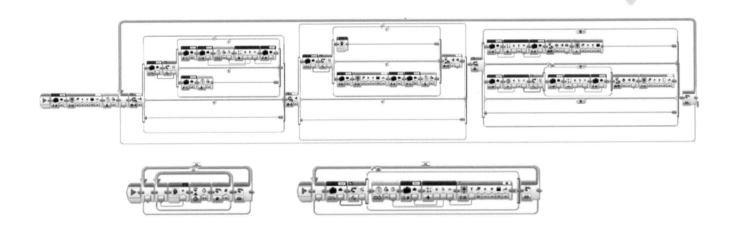

开始编程前，先设定4个变量如下：

● time 数字型，用来保存上次暂停时的时间；

● start 逻辑型，用来判定秒表是否在"开始"状态；

● time 数字排列型，用来保存计次数据；

● jicipg 数字型，用来记录当前显示的是第几页计次。

① 准备部分 清屏，重置时间。

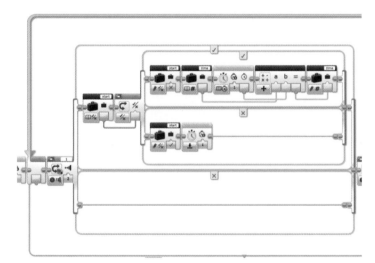

② 计时器开始/暂停的控制 检测端口1上的触动传感器是否被按下，如果被按下，就再检测是否正在计时（即检测名为"start"的逻辑变量是否为"真"）。如果在计时，则停止计时，把变量"start"设为"假"，将数字变量"time"加上计时器上的值；如果不在计时，则开始计时，把变量"start"设为"真"，将计时器归零。

③ 负责计次的"add_jici"模块

制作方法：先拼起上图中的模块，再框选出刚刚拼起的模块，点击【工具】—【我的模块创建器】，将模块名称设为"add_jici"，点击【确定】即可创建"add_jici"模块。

④ 负责控制计次/清零的
端口2　本程序检测端口2上
的触动传感器是否被触发，如
被触发，则检测秒表是否为
"开始"状态，如为"开始"
状态，则计次；如不为"开
始"状态，则清零。

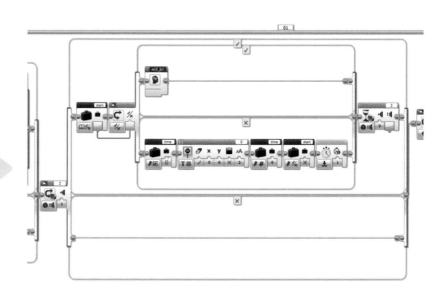

⑤ 负责给计次翻页的程序块
按钮　本程序检测上程序块按钮
或下程序块按钮是否被触发，如
下程序块按钮被触发，则将变量
"jici_pg"加1（即为将计次页数
向后翻一页），等待松开程序块
按钮，松开后清屏并继续程序；
如上程序块按钮被触发，测试计
次页数是否大于或等于1，如是，
则将变量"jici_pg"减1（即为将
计次页数向前翻一页），等待松
开程序块按钮，松开后清屏并继
续程序。

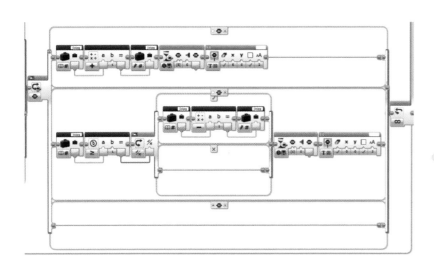

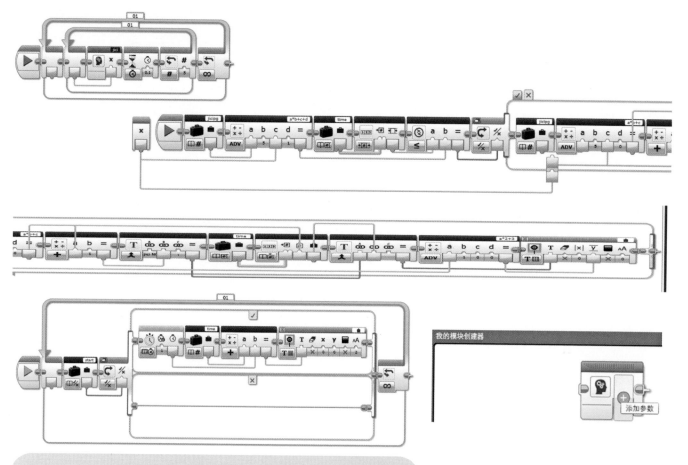

⑥ 用来显示计次的程序　一个"jici"模块只会显示一排计次，所以要实现在同一个屏幕上显示5排计次就需要运行5次。制作"我的模块"需要拼砌程序（不需要连接数据线）后点击【添加参数】按钮。设置参数后点击【完成】方可连接数据线。"jici"模块的工作原理是将变量"jicipg"乘以5后与计次在本页的序号（也就是$x+1$）相加，得到的数字为计次编号。如果这个数字比计次的总数低，就可以显示，如果大于或等于这个数，则不可显示，否则程序会崩溃，因为有未定义的变量。

⑦ 用来显示时间的程序　本程序循环检测秒表是否为"开始"状态，如为"开始"状态，则将数字变量"time"的数值和计时器秒数相加并显示到屏幕上。

想知道更多关于EV3的知识，请在编程软件里点击【帮助】—【显示EV3帮助】。

第 2 部分

机器人机械任务——机械结构之美

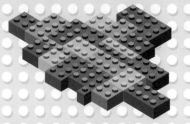

任务 ① 秋千

创造者：郭梓轩（首都师范大学附属育新学校）

本项目用机器人搭建一个秋千。通过连杆等机械结构，将电机360°旋转的力转化成秋千前后摇摆的力。同时，通过三角支架等结构的设计，避免秋千在摇摆的时候翻倒、损坏。

1. 所需主要零件

（1）电子组件 💡

EV3核心程序块 ×1；大型电机 ×1；导线 ×1。

（2）结构组件 💡

13单位梁 ×5；15单位梁 ×4；11单位梁 ×2；9单位梁 ×3；5单位梁 ×1；3单位梁 ×4；雪橇梁 ×3；3×5直角梁 ×2；3×3黑梁 ×2。

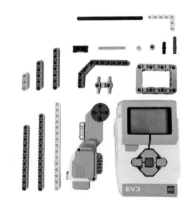

扫码观看演示视频

（3）机械组件

5单位轴×2；12单位轴×1；2单位轴×4。

（4）互锁组件

双交叉块×4；带十字孔的梁×4；交叉块×5；双连接销×3；黑销×31；摩擦连接销×10；轮轴连接销×3；半轴套×；全轴套×2。

注：1个乐高单位=1个圆孔。

2.搭建步骤及难点解析

1）搭建步骤

➡ **步骤1**：先将4个黑销分别固定在主机两侧。

➡ **步骤2**：用2个15单位梁，两端各空5格，其中一端安装1个3单位梁，做两组。

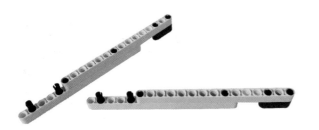

➡ **步骤3**：把前面做的两组梁分别安在步骤1中主机的两侧。

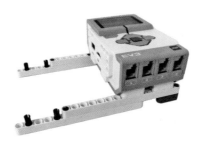

➡ **步骤4**：每个11单位梁末端空一个孔，再拿2个直角梁固定，中间用一个11单位梁做连接。

➡ **步骤5**：将步骤3和步骤4所搭建的结构组合在一起。

➡ **步骤6**：用1个5单位梁和1个7单位梁分别连接到1个9单位梁的两端，在5单位梁和7单位梁的边上分别安装1个双连接销。做两个同样的构件。

➡ **步骤7**：用1个9单位梁和2个直角梁连接，每个直角梁上分别安装上两个双连接销。

➡ **步骤8**：将步骤6中的两个构件分别安装到步骤7中构件的两边。

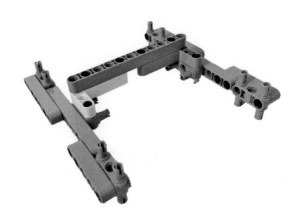

➡ **步骤9**：将步骤8的构件组安装到步骤5的构件上。

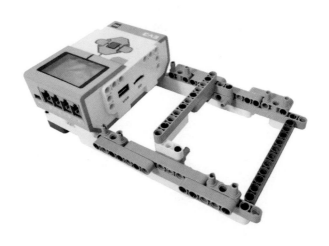

➡️ **步骤10：**每边拿2个13单位梁，中间插1根15
单位轴，轴的中间安装2个雪橇梁，雪橇梁上方和
下方分别安装1个5单位轴，雪橇梁的上方安装2
个双交叉块，双交叉块中间安装1个13单位梁。

➡️ **步骤11：**每边各安装一个3单位梁连接底座。

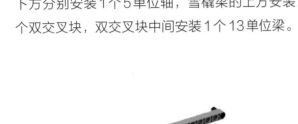

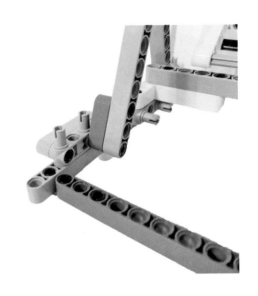

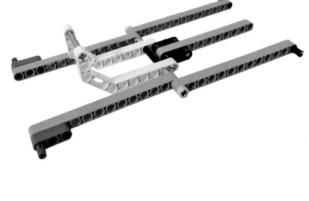

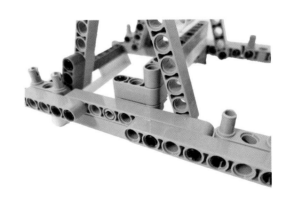

→ **步骤 12**：在电机的右边安装一个双连接销，双连接销上安装一个 9 单位梁，电机左边安装一个 5×7 单位的方形框架，方形框架上安装一个直角梁，电机固定到主机右侧。

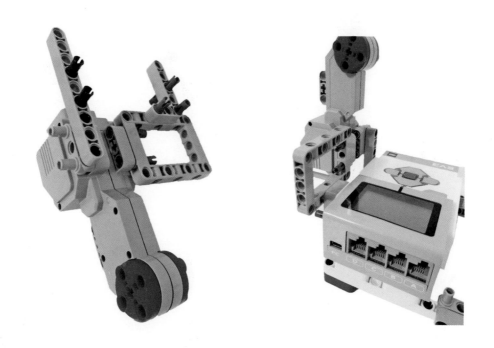

→ **步骤 13**：在雪橇梁的一端安装一个 13 单位梁，13 单位梁的一端安装一个直角梁，直角梁上安装一个 5 单位梁。

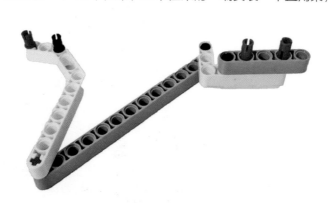

➡️ **步骤 14**：将步骤 13 中构件上的 5 单位梁安装在电机的右侧，雪橇梁安装到秋千最上层 13 单位梁的右侧。

➡️ **步骤 15**：搭建完成，按照右图检查。

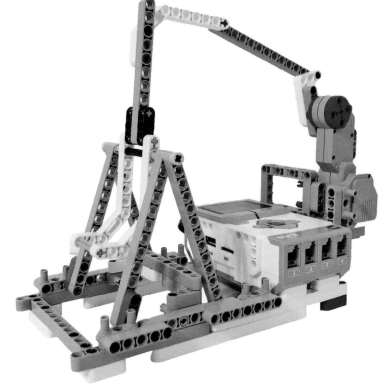

2）参考程序

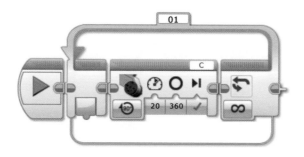

 难点解析

为什么电机朝一个方向旋转，

就能使秋千前后摇摆？

　　因为我们在电机和秋千之间使用连杆结构，将电机的旋转运动转化为摇杆的往复运动，当电机朝一个方向旋转时，可以使秋千前后摇摆。

 **创造者的话**

　　秋千是我们大家的一个美好的回忆，它可以让我们感受到摇摆的魅力。就像小时候唱过的儿歌《荡秋千》中："秋千荡，秋千荡，比比谁荡得最高；秋千荡，秋千荡，一起来锻炼胆量。"我一直想拥有自己的秋千，所以这次我做了一个机械秋千，通过连杆等机械结构，将电机的旋转运动转换成秋千前后摇摆的往复运动，并通过秋千辅助结构的设计，保障摇摆的稳定性。

任务 ② 智能吊桥

创造者：陈宣佑（北京市第三中学）

吊桥是中国古代的城防和交通设施。古时候，人们为了防止敌人侵入自己的家园，就会挖护城河，干旱地区只需挖一道沟，不用填水。护城河可以有效阻挡或减缓敌人的进军速度。但为了和平时期老百姓可以自由出入，就需要用吊桥通行。

智能吊桥通过电机给吊桥提供升降动力，并且利用几何原理来实现吊桥的可折叠功能。

1.所需主要零件

（1）电子组件 💡

EV3核心程序块×1；大型电机×1（可替换）；电子组件连接线×1。

（2）结构组件 💡

5×7单位方形框架×2（可替代）；15单位梁×14（部分可替换）；13单位梁×3（部分可替换）；11单位梁×5（部分可替换）；9单位梁×2（可替换）；7单位梁×2（可替换）；5单位梁×2；3单位梁×6（部分可替换）；3×5，90°梁×4；2×4，90°梁×2。

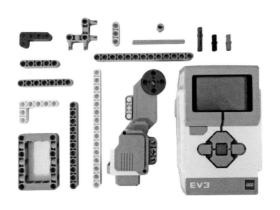

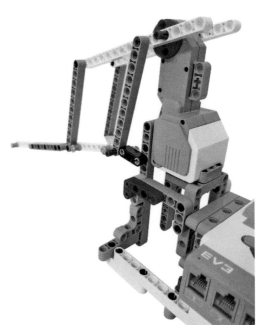

（3）机械组件 💡

7单位轴×4（可替换）。

（4）互锁组件 💡

黑色连接销×50+（可替换）；蓝色连接销×12；深空灰连接销×4；全轴套×8（可替换）；拐角销×2。

2.搭建步骤及难点解析

1）搭建步骤

→ 步骤 1：将两个 7 单位梁装在方形框架的长边上。

→ 步骤 3：将步骤 1 中的成品用 4 个黑销固定在主机的一侧。

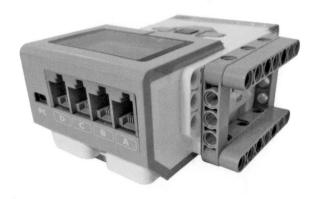

→ 步骤 2：另一个方形框架上用 4 个销固定两个 3×5 直角梁，再装 6 个黑销。

→ 步骤 4：将步骤 2 中的构件置于步骤 3 完成的构件之上。

➡️ **步骤5**：将成品如下图摆放。

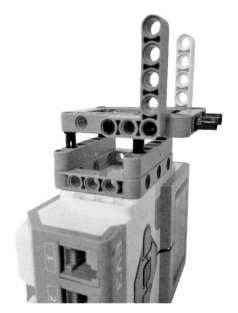

➡️ **步骤6**：在一个15单位梁上安装一个3单位梁、一个3×5直角梁和一个5单位梁，并在上面安装两个黑销，此构件做两套。

➡️ **步骤7**：在一个13单位梁安装一个拐角销，一个3单位梁和一个2×4直角梁，2×4直角梁上装两个黑销，13单位梁末端装两个黑销，此构件做两套。

➡️ **步骤8**：将一个11单位梁和一个13单位梁通过两个蓝色连接销连接。

➡️ **步骤9**：将步骤6中的5单位梁端和步骤7中的拐角销端连接，分别连接两套。并将两套用步骤8中的构件连接起来。

➡️ **步骤10**：将步骤9的构件连接于主机之上。

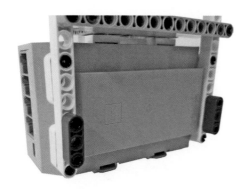

➡️ **步骤11**：将主机与底座的前方使用黑销连接，在两个直立的13单位梁上端和方形框架上端安装黑色连接销。

➡️ **步骤 12**：将电机安置于直立的13单位梁和方形框架上。

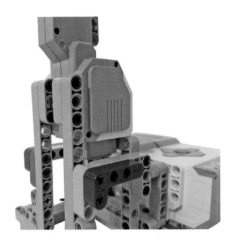

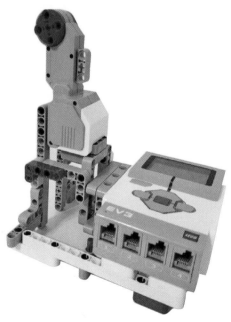

➡️ **步骤 13**：用10个黑销装入两个9单位梁，再用4个深空灰连接销装入两个3单位梁。

➡️ **步骤 14**：将两个灰色7单位轴用灰色全轴套连接于5个15单位梁上，此构件制做两套。

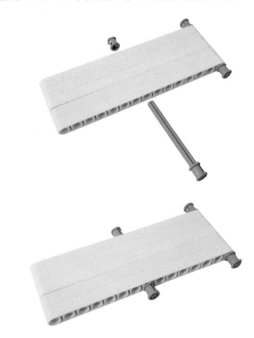

➡ **步骤 15**：将两个 11 单位梁插入一个 15 单位梁，并在 15 单位梁上安装一个蓝色连接销，做两套。

➡ **步骤 16**：将步骤 15 中完成的构件固定于步骤 14 中的构件之上。

➡ **步骤 17**：将步骤 15 中的另一个构件也固定于此。

➡ **步骤 18**：用步骤 13 中的两个 9 单位梁将步骤 14 中的两套构件连接起来。

➡ **步骤 19**：将蓝色连接销端连接在电机上。

➡ **步骤 20**：使用步骤13中的3单位梁将桥面外侧
与电机连接起来，两个外侧都要连接。

作品完成，如右图所示。

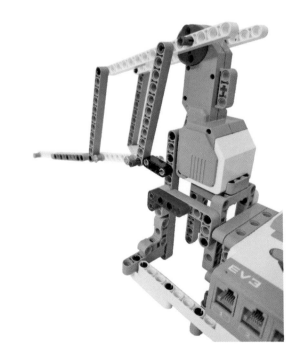

2) 参考程序

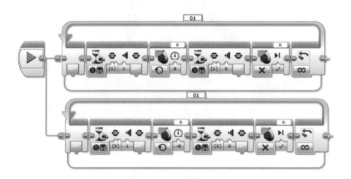

搭建吊桥时，人们会联想到古代城墙外的木制吊桥，用绞盘把绳子绕上去呈一个三角形。我们会先想到把绳子变成梁，用电机带上去，但是这种设计方式会遇到一个无法克服的问题，梁、电机、桥面都不会像绳子一样柔软，形成的三角形十分坚固，以至于无法活动，三条边的设计是行不通的。三条边的方式行不通就尝试换成四条边，排除梯形，发现必须有两对平行线（无限延长永不相交且相等的线段），才能实现古代吊桥的还原。平行四边形满足要求，用梁制作平行四边形，实现还原古代吊桥的目标。

 **创造者的话**

　　本作品利用几何中的平行四边形可折叠原理，把桥面看成杠杆，因支点不在电机上，所以不能直接连接。为了让电机尽量少受力，也是为了模拟古代的人力吊桥，让人们可以拉动，将受力点向桥面支点的反方向尽可能移动。本作品运用了物理知识与几何知识，重现了我国古代科学技术，非常有意思。

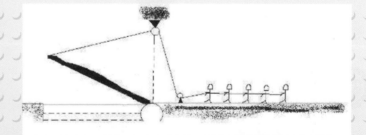

吊桥原理示意

扫码观看演示视频

任务 ③ 汽车变速器

创造者：马天越（北京市昌平第二中学）

本作品将用EV3的机械组件拼出汽车变速器。这个汽车变速器一共有3个挡，分别是快挡、中挡和慢挡，控制3个挡速度的是1个拉杆和齿轮组，还有1个触碰传感器控制它的转向，即是顺时针转还是逆时针转（倒挡），用1个沙滩轮来观测速度和运行方向。

1.所需主要零件

（1）电子组件 💡

EV3核心程序块×1；小型电机×1；触碰传感器×1；导线×2。

（2）结构组件 💡

5×7方形框架×5；15单位梁×10；11单位梁×5+；9单位梁×5+；5单位梁×5+；3×5直角梁×5+；7单位梁×5+。

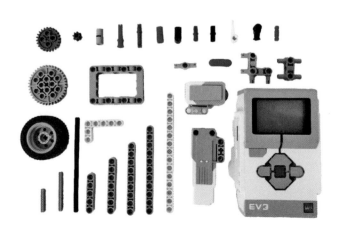

（3）机械组件 💡

8齿齿轮×2；24齿齿轮×5；40齿齿轮×2；5单位轴×3；3单位轴×1；12单位轴×1；10单位轴×2。

（4）互锁组件 💡

黑色连接销×150+；蓝色连接销×80+；双连接销×10+；直角双连接销×5+；2单位轴连接器×6；红销×10+；0°角块×10+；蓝色轴销转换器×10+；红色2单位

销 ×10+；销连接器 ×5+；全轴套 ×20+；单连接销 ×5+。

（5）附加任务道具 🔅

轮毂 ×1；轮胎 ×1；塑胶垫 ×2；指针 ×1。

注：1 个乐高单位 =1 个圆孔。

2.搭建步骤及难点解析

1）搭建步骤

（1）齿轮系统 🔅

➡ **步骤 1**：用两个 15 单位梁、两个直角双连接销和一个 9 单位梁拼成一个齿轮组的框架。

➡ **步骤 2**：把 3 个 24 齿齿轮穿在 12 单位轴上，再穿在步骤 1 中的框架上，一边用全轴套套上，另一边用红色 2 单位销套上。

➡ **步骤 3**：用一个 5 单位轴穿进步骤 1 中的框架，一头用全轴套套上，框架里的一头用红色 2 单位销套上，在红色 2 单位销的另一头接上 10 单位轴然后依次套上 40 齿齿轮、9 单位梁（它就是我们的变速杆）、24 齿齿轮、全轴套、8 齿齿轮，最后在 10 单位轴上套上 3 个轴套，再把靠外的两个拨掉，最后在 9 单位梁上装上两个塑胶垫。

步骤4：把一个5单位梁穿进步骤1的框架中，留两单位的位置套一个轴套，再在另一边套一个红色单位销，接上一个10单位轴，然后套上8齿齿轮，隔两单位再套上一个24齿齿轮，隔两单位再套上一个40齿齿轮。

（2）支撑底座和框架 💡

步骤5：用4个15单位梁和4个直角双连接销拼成一个类似长方形的平面图形。

➡ 步骤6：再用一个15单位梁和两个双连接销拼成一个如下图所示的构件。

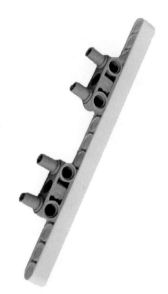

➡ 步骤7：将步骤5和步骤6所做的构件连接在一起。

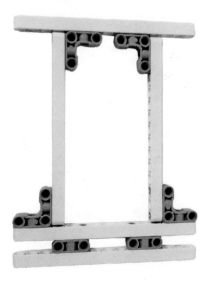

➡ 步骤8：用一个0°角块、一个蓝色轴销连接器、一个直角梁和一个双连接销拼成一个和下图一样的构件，做4个。

➡ 步骤9：将步骤8中的构件与步骤7中的构件连接起来。

➡ **步骤 10**：用2个双连接销将后面两个部位改装。

➡ **步骤 11**：再用2个连接销、2个直角双连接销和2个5单位梁把前面两个部位改装一下，再装上一个直角连接销。

➡ **步骤 12**：将底座和齿轮组连接起来。

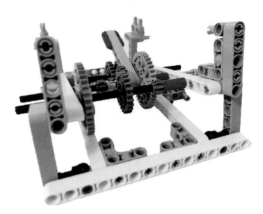

➡ **步骤 13**：用1个直角双连接销、两个7单位梁、一个5×7方形框架和一个电机，组装成如下图所示的结构。

步骤 14：将步骤 13 做成的构件和底座连接起来。

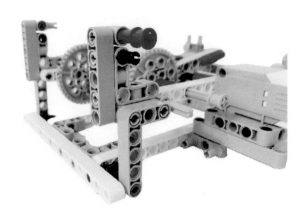

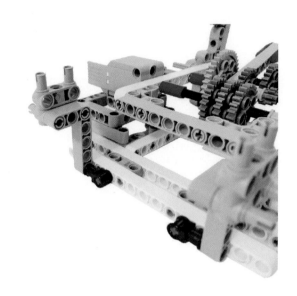

步骤 15：用 2 个直角双链接销和 2 个 5 单位梁拼成 2 个如下图所示的构件，再将其安装在齿轮组的后面。

步骤 16：用 2 个单连接销和 2 个红销将前面的 2 个结构改装。

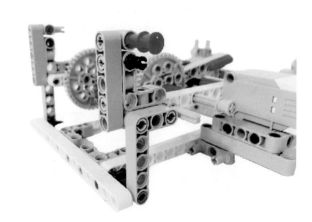

➡ **步骤 17**：用 4 个双连接销、2 个直角梁、4 个红销、1 个 15 单位梁组装成如下图所示结构。

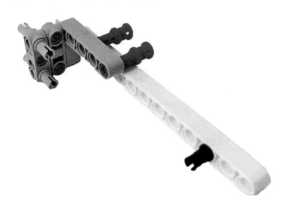

➡ **步骤 18**：用步骤 17 的构件将前后连起来，用两个蓝色轴销转换器、两个 0° 角块和两个黑销将后面两边都改造一下。

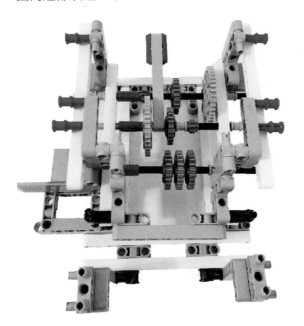

➡ **步骤 19**：将 2 个红销、2 个单连接销、2 个黑销、1 个 5×7 方形框架和 1 个 EV3 核心程序块组合在一起。

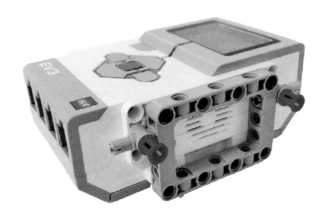

➡ **步骤 20**：将步骤 19 中的构件和底座连接起来。

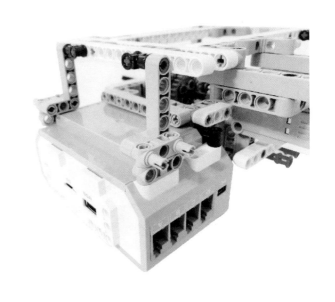

⊃ **步骤21**：先插2个红销，将下图中的2个红销推进去，用来锁住EV3核心程序块。

⊃ **步骤22**：用0°角块、3个红色2单位销、指针、直角梁、轴套、3单位轴、轮毂、轮胎和5单位轴做成如下图所示结构，然后再插上去。

（3）盖子 💡

⊃ **步骤23**：用2个直角双连接销和2个11单位梁做出如下图所示结构。

➡ **步骤24**：将2个9单位梁叠加安装在直角双连接销上。

➡ **步骤26**：在两边分别安装上两个销连接器。

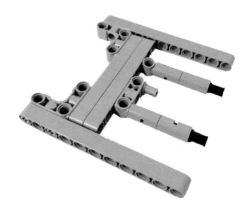

➡ **步骤27**：在销连接器上再安装上一个9单位梁，再在9单位梁上装两个销连接器。

➡ **步骤25**：装上单连接销和双连接销。

步骤28：先把变速杆插进去，然后把盖子往前推一下，再把四周的红销推进去（图中未把红销推进去）。

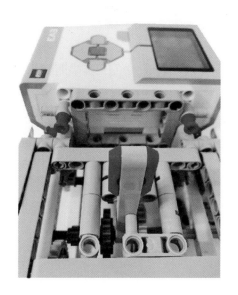 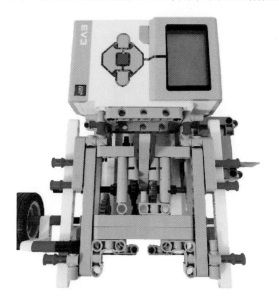

步骤29：装上触碰传感器，连上导线。

2）参考程序

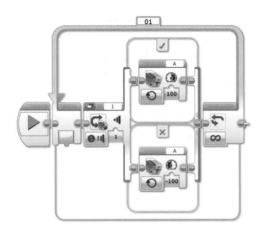

 难点解析

为什么齿轮中间只能隔两个单位？

因为如果隔的不是两个乐高单位的话，齿轮很有可能会啮合不上或4个啮轮同时咬合上，所以只能隔两个单位。

 **创造者的话**

　　本作品的设计理念是制作出一个可以运作的汽车变速器的机械模拟作品，让读者明白汽车是如何换挡变速行驶的，并能够按照搭建步骤和难点分析，最终设计出有趣且富有科技含量的汽车变速器。

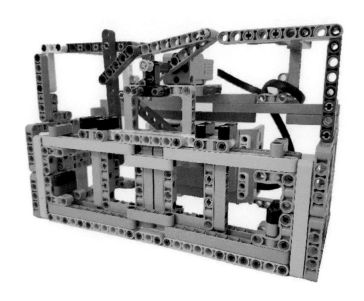

任务 ④ 智能电梯门

创造者：郑茗心（北京市第一七一中学）

电梯在我们的日常生活中非常常见，但绝大多数人可能只知道电梯的简单操作方法，很少有人知道电梯的组成和工作原理。带着对电梯原理的深入思考，组装一部电梯门，以便深刻理解电梯工作原理。

本作品中的电梯门通过中型电机带动连杆运动，由连杆的伸出和回拉，实现门在滑道上的打开和关闭运动。

扫码观看演示视频

1. 所需主要零件

（1）电子组件 💡

EV3核心程序块 ×1；中型电机 ×1（可替换）；电线25cm/10in（可替换）。

（2）结构组件 💡

5×7方形框架 ×13（可替换）；15单位梁 ×4（可替换）；13单位梁 ×20+（部分可替换）；11单位梁 ×2；9单位梁 ×6（部分可替换）；7单位梁 ×7（可替换）；5单位梁 ×8（部分可替换）；3单位梁 ×15+（可替换）；3×3T形梁 ×1；2单位梁 ×3+（可替换）；3×5直角梁 ×10+（可替换）。

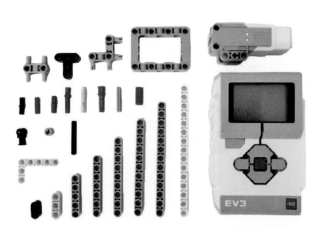

（3）机械组件

2单位轮轴×2；3单位轮轴×2；4单位轮轴×1。

（4）互锁组件

黑色连接销×50+（可替换）；蓝色连接销×30+
（可替换）；3×3带角连接销×12+（可替换）；3×3
双连接销×5+（可替换）；红色连接销×1（可替换）；
黄色连接销×2；灰轴套×2（可替换）；管子×1（可
替换）；灰色连接销×1；蓝色轴销转换器×5；轴连
接器×4。

2.搭建步骤及难点解析

1）搭建步骤

（1）门、滑道

①门

➲ 步骤1：在5×7方形框架两侧分别安装上1根7
单位梁。

➲ 步骤2：在5×7方形框架的下方安上1根7单
位梁。

➲ 步骤3：再安装一个相同的门。

② 滑道

➡ **步骤4**：找到1根15单位梁，在其中心位置的两侧分别安装1根3单位梁。

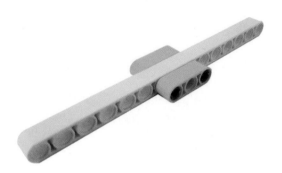

➡ **步骤5**：在15单位梁两侧紧邻3单位梁处安装11单位梁4根。

➡ **步骤6**：在两侧11单位梁端部安装1根2单位梁和3×5直角梁各2根。

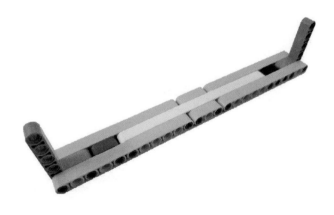

➡ **步骤7**：在两端的3×5直角梁（上部）两侧分别安上一个3×3带角连接销（带销的一侧朝下）。在4个3×3带角连接销下部安装11单位梁，3×3带角连接销外侧安上9单位梁，再将门放到滑道上。

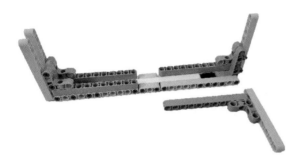

➡ **步骤8**：把4根11单位梁中间两两用5单位梁连接。

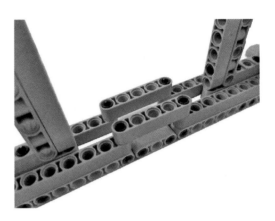

➡ **步骤9**：在两侧的9单位梁上（紧贴之前所安装的3×3带角连接销）再装上3×3带角连接销（带销侧朝上）。

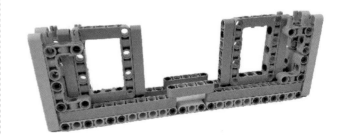

➡️ **步骤10**：在上边的3×3带角连接销上，安上 11单位梁，再用2个5单位梁将11单位梁在下部 两两相连。

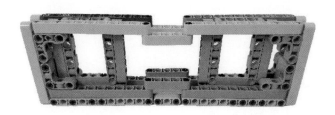

➡️ **步骤11**：找出1根15单位梁，在其两端安装4 根3×3双连接销。

➡️ **步骤12**：在4个3×3双连接销上安装3单位梁 4根。

➡️ **步骤13**：将步骤11和步骤12所制作的配件安 装到滑道上部中间。

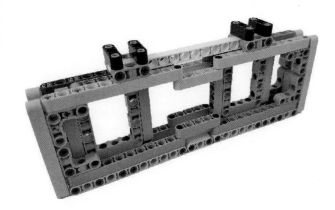

  难点解析

滑道上的梁为什么要把不带孔的一面朝上？

　　物体表面越光滑，摩擦阻力越小。为了使门 开关更加流畅，要使梁（滑道）光滑的一面与门 接触，以减小门与滑道之间的摩擦力，使门运行 更流畅。

步骤14：将1根7单位梁安装在步骤12和步骤13所制作的零件一侧的中心位置。

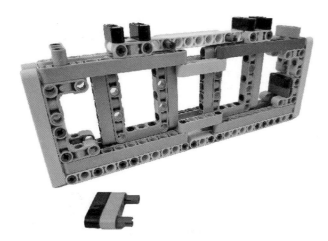

（2）框架、EV3核心程序块

① 两侧框架

步骤16：将4个5×7方形框架连在一起，做2组。

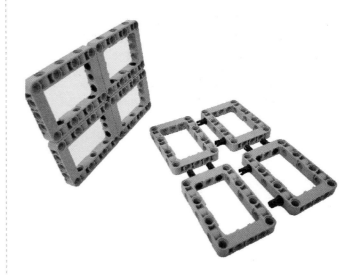

步骤15：在上部滑道两端分别安装1根3单位梁，再在下部滑道两端3×3带角连接销上安装2根3单位梁。

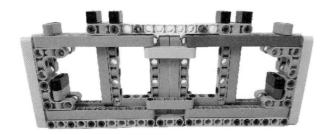

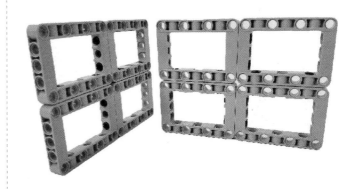

➡ **步骤 17**：在两组框架下方的一侧分别安装 1 根 15 单位梁。

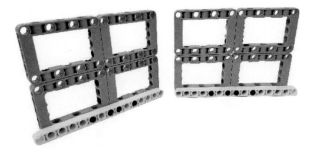

后部框架（并与已制作零件连接）

➡ **步骤 18**：找出 2 根 13 单位梁，用 1 根 7 单位梁连接。

➡ **步骤 19**：将步骤 18 所制作零件用 3×3 带角连接销与两侧框架连接。

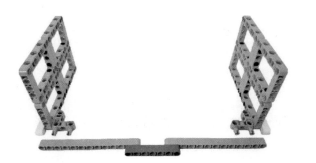

➡ **步骤 20**：找出 2 根 13 单位梁，用 2 根 13 单位梁（中间空 3 个乐高单位）连接。

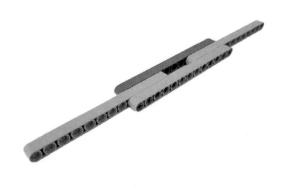

➡步骤21：将步骤20所完成的构件用3×5直角
梁和两侧框架连接。

➡步骤22：将滑道两侧的9单位梁与两侧框架
连接。

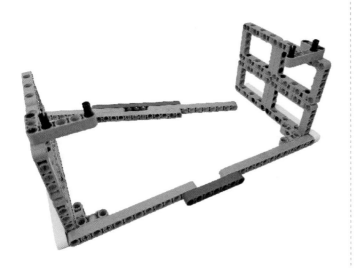

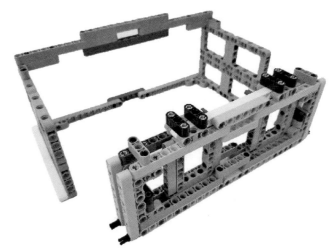

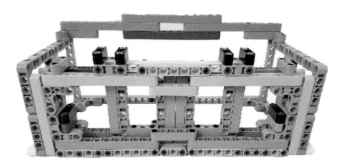

② EV3核心程序块

➡ 步骤23：用蓝色连接销将EV3核心程序块上部与后部框架上方梁固定。

➡ 步骤24：用2单位轮轴、轴连接器和蓝色轴销转换器将EV3核心程序块下部与后部框架下方梁固定。

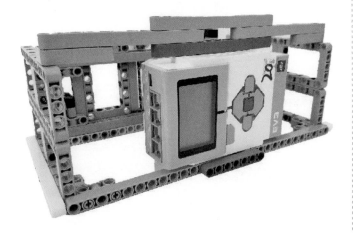

（3）连杆 💡

➡️ **步骤25**：将中型电机用2根红色连接销和2根
蓝色连接销固定在一个5×7方形框架内。

➡️ **步骤26**：将安装中型电机的5×7方形框架安装
在后部框架上方中心。

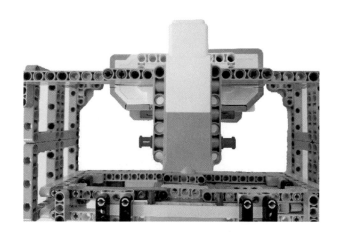

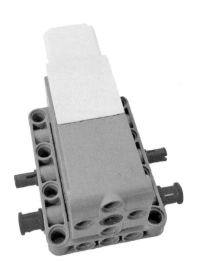

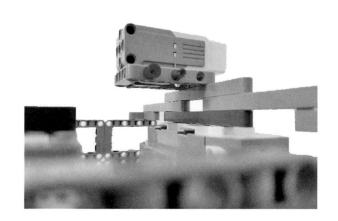

⬤ 步骤27：在上部滑道15单位梁中心处横着安装
1个5×7方形框架。

⬤ 步骤28：在5×7方形框架上安装1个3×3的T
形梁。

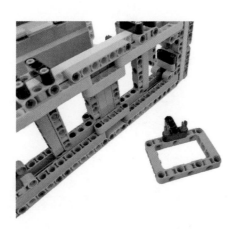

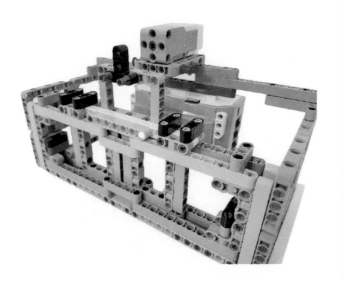

⬤ 步骤29：将1根4单位轮轴、1根2单位梁、1
根11单位梁和1个套管按下图所示拼插。

⬤ 步骤30：将1根3单位轮轴穿过3×3的T形梁，
插入套管，用灰轴套互锁。

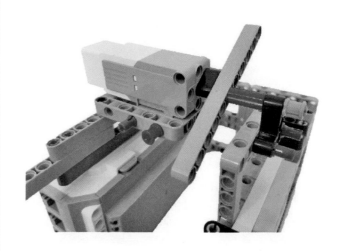

➜ **步骤31**：在电机上的11单位梁左边用黄色连接销连上1根13单位梁，再将13单位梁一端连上1个3×3双连接销，3×3双连接销安装在右侧门外侧。

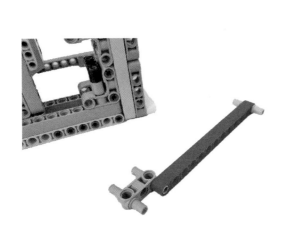

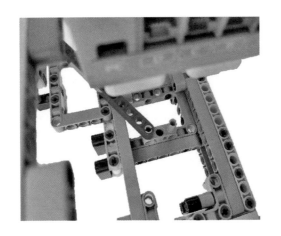

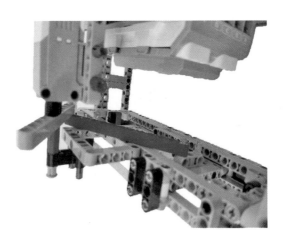

在 5 单位梁的另一端连接 1 根 13 单位梁，13 单位梁安装位置为上起第 5 个乐高单位（孔）。

难点解析

门是如何开关的？

门需要推、拉力开关，电机输出的是旋转的力，那么，如何才能将旋转的力转化为推、拉力呢？其实有很多种方式，比如齿轮、履带、连杆等等。此处，电梯门采用的是连杆结构。

电机转动时带动灰色梁旋转，在灰色梁的一端通过可以旋转的黄色连接销连接 1 根红色梁，把力传递给红色梁，由于 2 根梁角度实时变化，红色梁只向电梯门传递水平的推力或拉力，达到电梯门开关的目的。

➡ 步骤 32：如右上图所示，在电机上 11 单位梁另一端用黄色连接销安装 1 根 9 单位梁。

➡ 步骤 33：如右下图所示，在 9 单位梁左起第 2 个乐高单位（孔）上用黑色连接销连上 1 根 5 单位梁。

➡ **步骤34**：将一个3×3带角连接销安装在左侧框架从前往后数第2、3个乐高单位（孔）内，在3×3带角连接销上安装1根7单位梁，在7单位梁上部安装1根3×5直角梁。

➡ **步骤35**：将1根11单位梁安装在3×5直角梁上，再将电机上的13单位梁安装在11单位梁右起第3个乐高单位（孔）内。

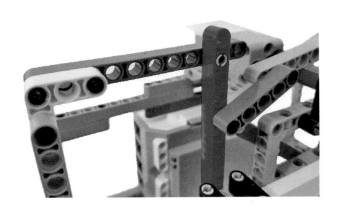

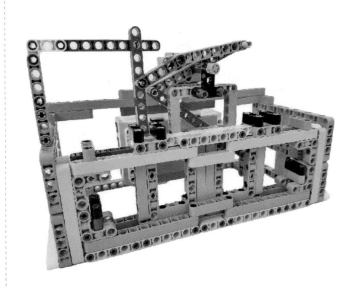

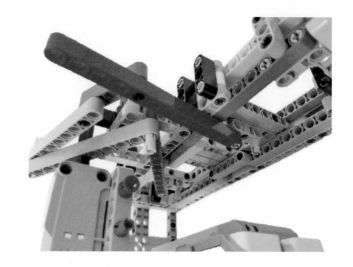

➡ 步骤36：将13单位梁安装在1个3×3双连
接销上，再把3×3双连接销安装在左侧门上
（外侧）。

  难点解析

另一扇门的连杆为什么要这么安装？

这扇门依然使用了连杆结构，但形式有所不同。上一扇门只需要在门和11单位梁之间连一个梁，就能把门打开。但这扇门仅一个梁无法推开，所以还需要利用另一个原理：杠杆原理。

可以将右图左侧的红梁和5单位梁看作一个变形杠杆，依靠5单位梁去推/按红梁，红梁一端连着门，红梁连着门的一端被5单位梁向左推，红梁的一端向左运动，连着红梁的门自然就打开了。

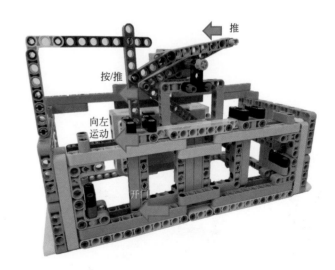

（4）互锁 💡

➡️步骤37：如下图所示，将1个3×3带角连接销安装在后方框架上部左起第6～8个乐高单位（孔）内，再在3×3带角连接销上安装一根3×5直角梁，在3×5直角梁上安装一根9单位梁，再用3×3带角连接销把9单位梁和11单位梁连在一起。

➡️步骤38：如下图所示，将1根3×5直角梁用蓝色轴销转换器安装在5×7方形框架上，另一头用3×3带角连接销固定在11单位梁上。

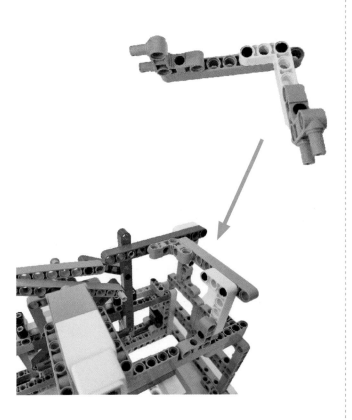

→ **步骤 39**：将 1 个 3×3 带角连接销安在右侧框架从前往后数第 2、3 个乐高单位（孔）内，在 3×3 带角连接销上安装 1 根 7 单位梁，在 7 单位梁上部安装 1 根 3×5 直角梁。

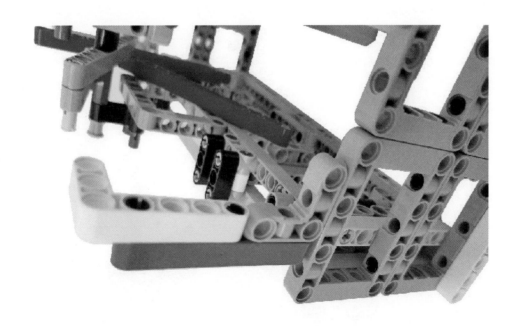

→ **步骤40**：如下图所示，将1根9单位梁安装在3×5直角梁上，将1个3×3带角连接销安装在后方框架上部右起第6～8个乐高单位（孔）内，再在3×3带角连接销上安装1根3×5直角梁，在3×5直角梁上安装1根9单位梁，再用3×3带角连接销把9单位梁和另一根9单位梁连接在一起。

→ **步骤41**：连上电线，完成。

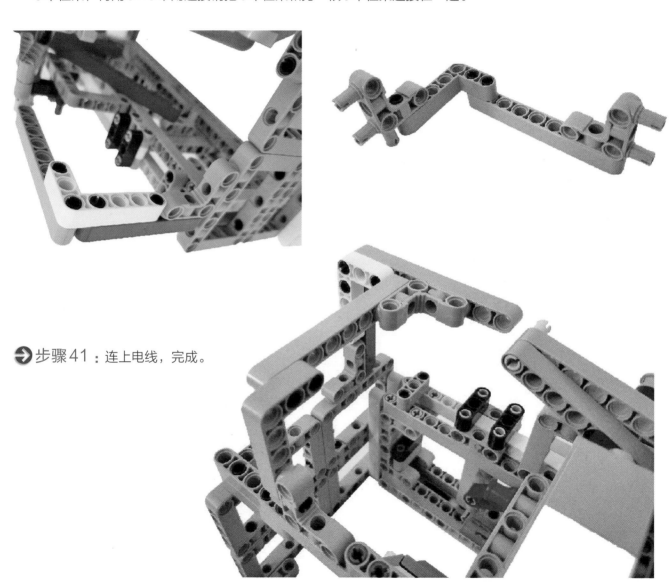

成品图如下所示。

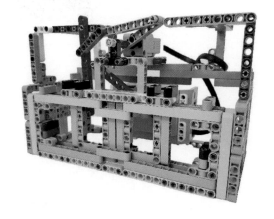

2）参考程序

 **创造者的话**

　　我们初时做的电梯门，所使用的是齿轮结构，需要靠两个电机驱动才能工作。大家可以试一下，拿出一个齿轮和一根锯条，把齿轮放到锯条上，旋转齿轮，锯条跟随齿轮动起来，不同的是，锯条是平移，齿轮是旋转。这就是第一代电梯门的运行原理：依靠电机带动齿轮旋转，再由齿轮带动锯条（门）平移。

　　这个电梯门看似很好，但缺陷很快就暴露出来了——它需要两个电机驱动，而两个电机驱动的成本要远高于一个电机驱动的成本，鉴于此，我们又对电梯门进行了改进，使用连杆结构，只用一个电机驱动：由电机带动2根15单位梁，每个15单位梁由3根梁分别连在一扇门上，这样电机转动时，不仅会带动15单位梁旋转，还会带动门打开和关闭。

　　著名的地质岩石学家宋叔和曾说过"敏于观察，勤于思考，善于综合，勇于创新。"生活中很多看似复杂的事物，其实都是很简单的，通过思考可以创造出许多未知的新鲜事物，开拓思维，增长见地，创造更美好的世界。

任务 ⑤ 摇摇木马

创造者：陈之昊（北京师范大学附属中学）

　　摇摇木马承载着很多人童年的美好回忆。机器人摇摇木马不仅能让我们感受惯性的魅力，在摇晃的过程中通过其底座的弧线结构设计，还能避免在摇晃过程中发生翻倒。本作品以机器人组件作为核心搭建器材，通过将电机锁死在座椅上，来达到电机带动EV3核心主机自转的目的，弧线底座设计选用履带，当重心和位置偏移，通过弧线底座依旧能使整体达到平衡。

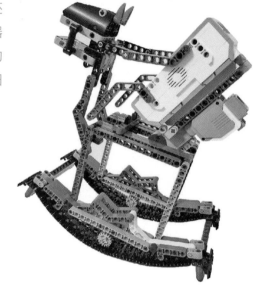

1.所需主要零件

（1）电子组件 💡

EV3核心程序块 ×1；大型电机 ×1。

（2）结构组件 💡

15单位梁 ×8；13单位梁 ×10；11单位梁 ×2；9单位梁 ×1；5单位梁 ×9；雪橇梁 ×8；大直角梁 ×6；小直角梁 ×8；9单位斜梁 ×4；7单位斜梁 ×4；5×7方形框架 ×2；T形梁 ×2；履带若干；红色的履带防滑垫 ×4。

（3）机械组件 💡

16齿正齿齿轮 ×4。

（4）互锁组件 💡

销 ×10+；轴销 ×10；轴销转换器 ×14；双连接销 ×1；单连接销 ×2；红销 ×4；双销连轴转换器 ×2；直角轴连接器 ×4。

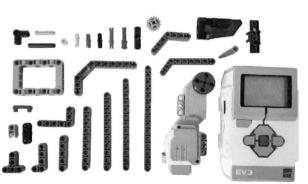

2.搭建步骤及难点解析

1）搭建步骤

➡️ 步骤 1：先将 T 形梁、两个 13 单位梁、两个雪橇梁连接到一起。

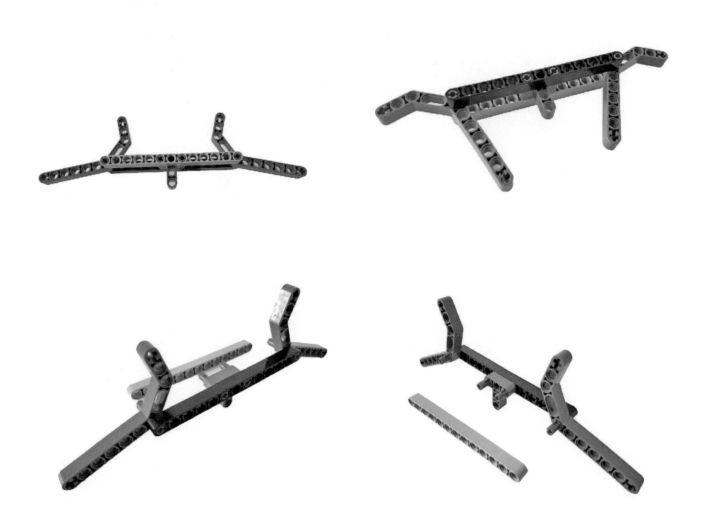

→ **步骤 2**：用3个3单位轴将两个7单位斜梁和两个16齿正齿齿轮分别固定在雪橇梁和T形梁上。

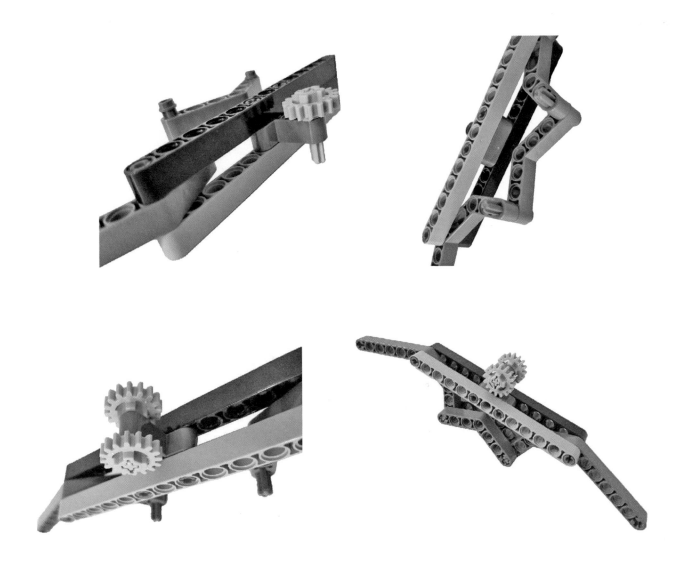

➡ **步骤3**：用一个3单位轴固定两个轴销转换器，再用销连接两个小直角梁。

➡ **步骤4**：在对称位置重复步骤3。

➲ 步骤 5：重复步骤 1 ~ 4。

➲ 步骤 6：将大直角梁、13 单位梁、15 单位梁连接在一起（一定要将销的位置留出来，图中红色长销可以用黑色短销替换）。

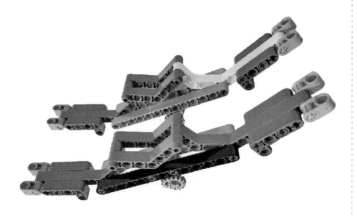

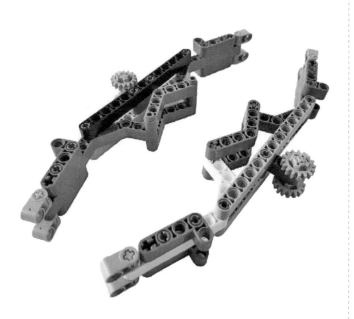

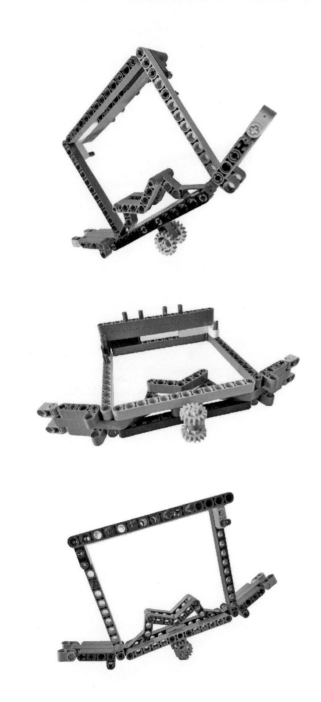

➡️ **步骤7**：在另一边重复步骤6（对称），这就形成了摇摇木马的底座。

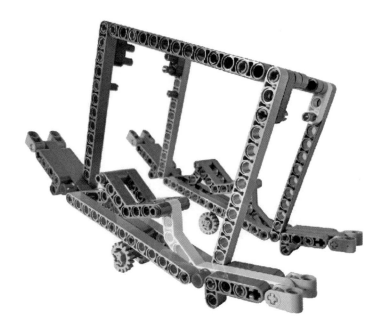

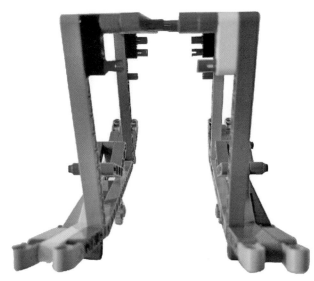

➡ 步骤 8：将大型电机、双销连轴转换器、9单位
梁分别连接在底座上（这里电机被4个销互锁死
了，中间没有轴）。

 **难点解析**

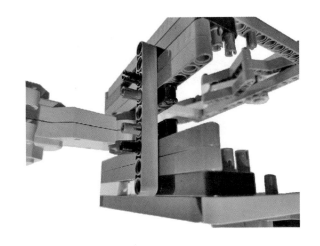

　　EV3核心程序块的底部加了一排销，用以防
止EV3核心程序块向前的幅度过大导致重心偏移
过大而翻倒。

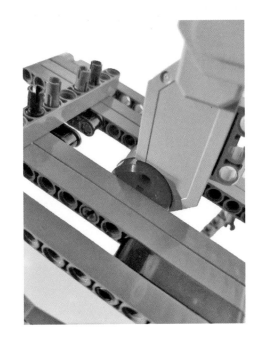

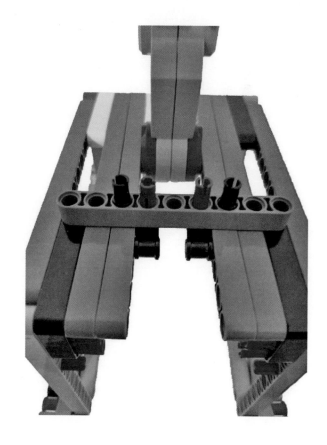

➡ **步骤 9**：将 4 个 15 单位梁、4 个红色的履带防滑
垫、2 段履带（每段 22 节）连接到一起，这就形
成了摇摇木马的弧形底盘。

 难点解析

　　履带底侧的两端加了两层 15 单位梁和红
色的履带防滑垫来防止机器人在摇晃的过程中
翻倒。

➡ **步骤 10**：将两个 11 单位梁、4 个轴销转换器、
1 个双连接销、1 个单连接销安装到电机上。

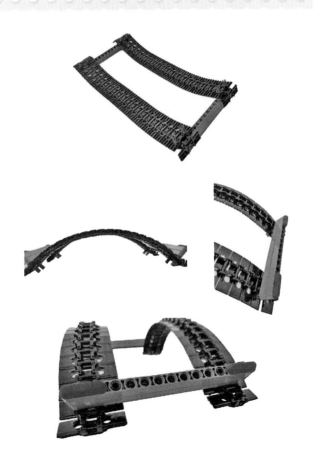

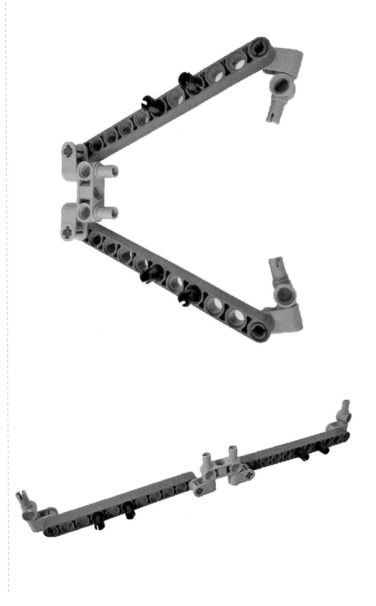

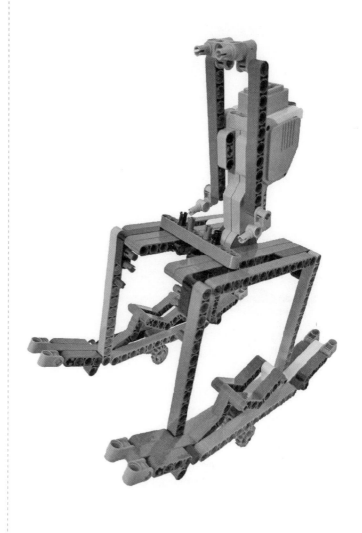

➔ 步骤 11：将两个9单位斜梁、两个雪橇梁安装
到EV3核心程序块上，完成"小人"的部分。

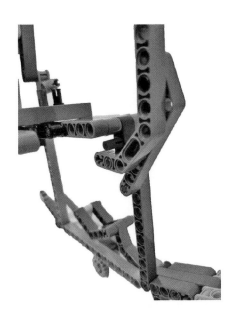

➔ 步骤 12：将9单位斜梁、雪橇梁、大直角梁连
接到座椅上。

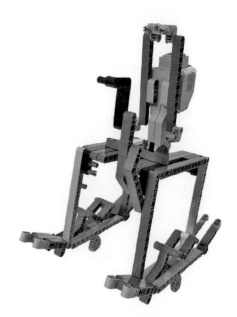

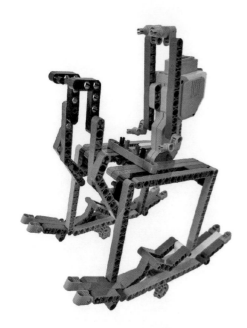

→步骤 13：重复步骤 12（对称）。

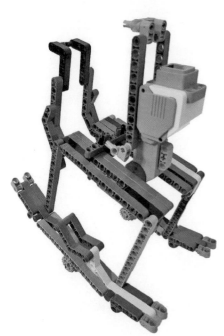

➡️ **步骤14**：将两个5×7方形框架用4个直角轴连
接器和两个5单位梁连接。

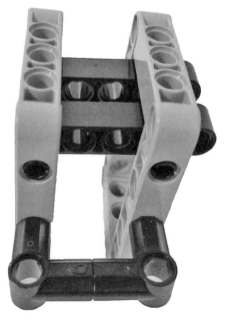

➔ **步骤 15**：将两个轴销连接器、3 个 5 单位梁、两个轴销连接器连接在 5×7 方形框架上形成"马头"。

➡️ 步骤 16：将"马头"连接到步骤 12 中的大直角梁上。

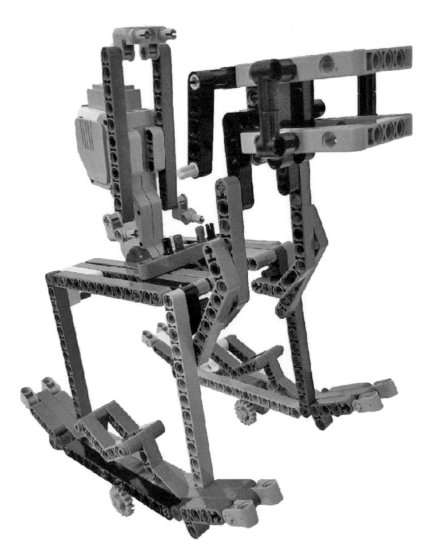

➔ **步骤17**：将橘色尖角形零件、黑色零件用4单位轴和半轴套连在一起组装成"马头"。

➔ **步骤18**：将步骤11搭好的EV3核心程序块与步骤10中的一个双连接销和一个单连接销连接。

注意：保证重心的居中。

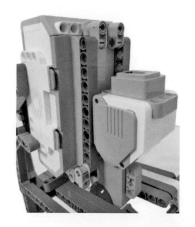

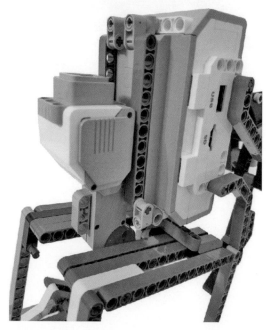

步骤 19：将 EV3 核心程序块上的 9 单位斜梁
与步骤 15 搭建的两个 5 单位梁用米色轴销连接器
连接。

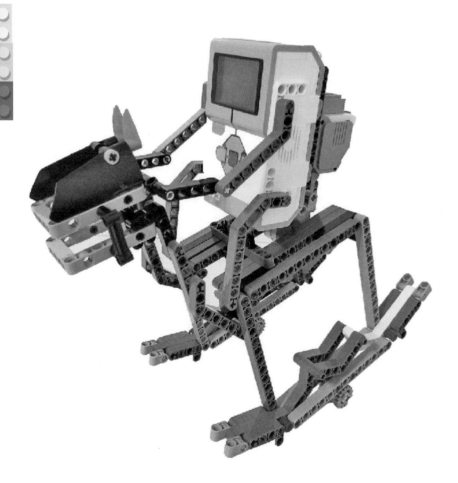

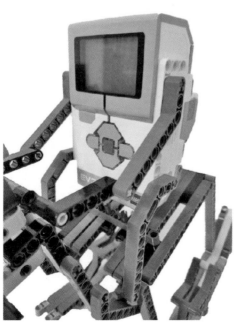

➔ 步骤 20：将步骤 9 搭建的履带与步骤 3、步骤 4 搭建的 4 个轴销转换器连接到一起。

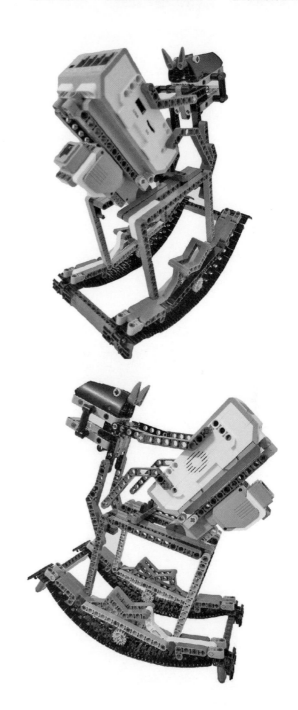

2）参考程序

程序方面主要是通过微调电机向前向后的幅度和
速度来实现机器人的摆动，电机最好用秒控制。

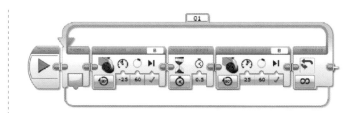

创造者的话

　　"铭记自己的童年，将这份永远长不大的、天真稚嫩的记忆深深地藏在自己的心中，藏在那个叫做天真的地方。"本作品设计的摇摇木马是想要延续童年的乐趣。我在这里想通过用机器人搭建摇摇木马的方式来让成年人不要忘记自己的童真，让孩童们知道除了手机、电脑游戏之外，这个世界上还有许多好玩的东西等着他们发现。本作品中最重要的一点就是利用乐高履带来替代市场上普通摇摇木马底部的曲线，在履带底侧的前后端分别有两根15单位梁限制摇摇木马前后摆动的幅度，使得摇摇木马不会翻倒，从而实现摇摇木马前后摆动的效果。

任务 6　小球攀岩

创造者：王山瑞（北京一零一上地实验中学）

攀岩运动是我们生活中比较常见的运动。如果我们将它与EV3联系到一起，还会有别样的机器人创作成果。此任务便是利用多种结构，改变球的方向，通过电机带动的框架与特殊的攀岩墙的结合，使得小球在左右运动的同时，由下向上呈曲线逐渐攀升，最终达到攀岩墙的顶部，并固定在框架上。

1.所需主要零件

（1）电子组件 💡

EV3核心程序块×1；大型电机×1（可替换）。

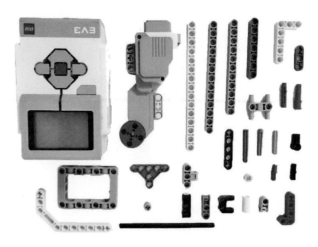

（2）结构组件 💡

5×7方形框架×9；大直角梁×12；小直角梁×4；半单位T形薄片×4；9单位梁×2；15单位梁×6；黑销×50+；长销×30+；灰销×5+；11单位梁×5+；转换器若干；销套×2。

（3）机械组件 💡

大齿轮×1；12号轴×3；3号轴×4+；半轴套×5+；全轴套×2；单向轴×3。

2.搭建步骤及难点解析

1）搭建步骤

➡️ **步骤1**：用两个红色单销连轴转换器将一个方形框架与大型电机连接起来，再用两个黑销与上一个方形框架连接，并在其左侧放置两个黑销。

➡️ **步骤2**：用红轴将两个转换器连接，再用两个黑销将它们和大直角梁相连接。最后将两个红单销连轴转换器和一个黑销，接于下图所示位置。

⟶步骤 3：将前两步搭好的结构互相连接在一起。

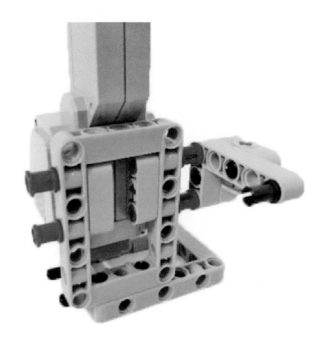

⟶步骤 4：将 5 个黑销，一个长销插在一个雪橇梁
　　　　上，再将一个转换器接在长销的一侧，然后把一
　　　　个轴销插入转换器的一端，并使销头露出。

➡️ **步骤5**：将上一步搭建的结构与起初搭建的结构连接。

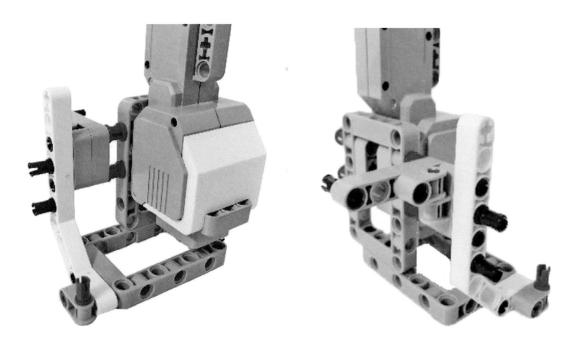

➡️ **步骤6**：4个黑销将两个13单位梁和一个5单位梁连接，再将6个黑销插在如下图所示的位置上。

步骤 7：将上一步搭建的结构与前面拼接的大结构连接。

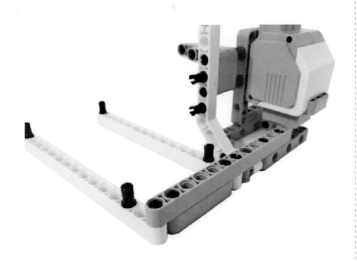

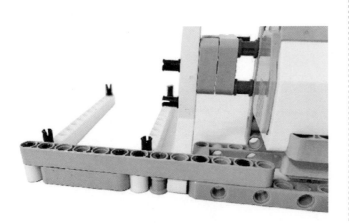

步骤 8：将一个 6 号轴扎在一个大齿轮上，再用两个黑销将一个 5 单位梁固定在大齿轮上。然后用一个单向棕轴和一个红轴将一个 3 单位薄片和一个 9 单位梁连接在一起，并用半轴套互锁，最后将一个灰销插在 9 单位梁末端。

步骤 9：将上一步搭的齿轮结构与整体结构连接，将轴插入大型电机。

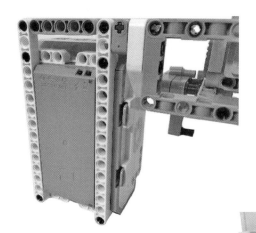

➔ 步骤 10：将 EV3 控制器和主体结构连接。

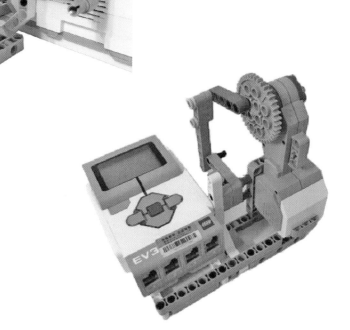

➡️ **步骤 11**：在方形框架的右上角插一个黑销，然后用两个黑销将三销连轴转换器固定在方形框架底部，然后将单向轴销转换器安装在方形框架内部右侧，并用灰销将大直角梁与其连接。

➡️ **步骤 12**：将一个轴销转换器固定在方形框架一侧（宽侧），并将大直角梁用灰销与其连接。然后找 4 个双轴连销转换器，其中两个夹方形框架一侧（窄侧），并用两个 3 单位梁连接，放于外部的一个用灰销与大直角梁连接，另外一个用单向轴与方形框架另一侧连接，同样用灰销与大直角梁连接（最后一个双轴连销转换器将用于下一步的连接）。最后将 4 个黑销固定于如图所示的位置。

➡️ **步骤 13**：将前两步搭建出的结构用上一步预留的双轴连销转换器连接。

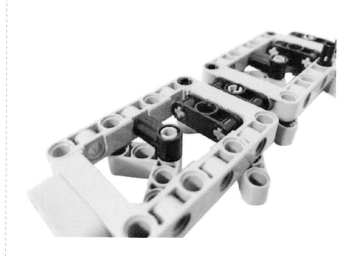

➡ 步骤 14：将轴销转换器连接到方形框架的一侧，同理用灰销与大直角梁连接。在方形框架的另一侧插入两个长销，在内部安置一个3单位梁，外部安置一个三销连轴转换器。最后将两个黑销插在如图所示的位置。

➡ 步骤 15：将一个H形销安装于方形梁一侧外部，并在内部安置一个轴销转换器，仍用灰销与大直角梁连接。另一边同理。然后将一个转换器安置于方形框架一侧，并在该侧安装两个如图所示的黑销。

➡️ **步骤 16**：将前两步搭建出的结构互相连接。

➡️ **步骤 17**：将一个 11 单位梁用一个黑销和两个长销固定在 15 单位梁上。然后将大直角梁用长销和黑销各一个
固定在 15 单位梁上，然后将转换器和黑销插在如图所示的位置。

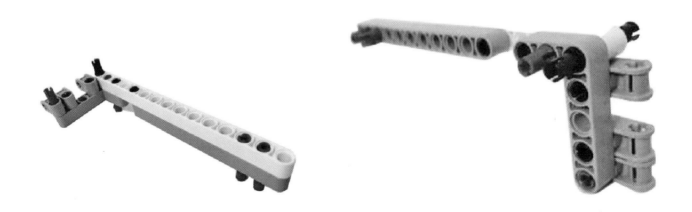

➔ 步骤 18：根据上一步，再做出一个与它对称的结构。

➔ 步骤 19：用6个3单位轴将5个5单位薄片连接在一起，中间用半轴套隔开。

➜ 步骤20：将前两步搭建的结构分别连接。

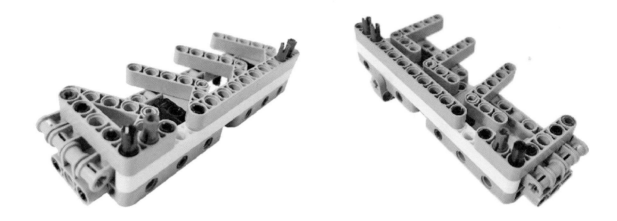

➜ 步骤21：将前两步搭建的结构连接起来。

➡️ 步骤22：用12单位轴、3个半轴套和两个全轴套将上一步的结构互锁。

➡️ 步骤23：用H形梁将7单位梁和大直角梁连接，用黑销和销将两个小直角梁和9单位梁固定，并在其一端安置H形梁。然后如下图所示，将两个结构连接起来。

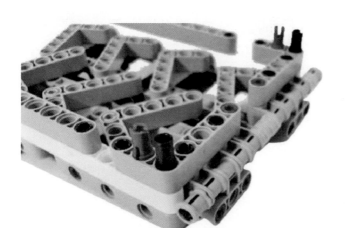

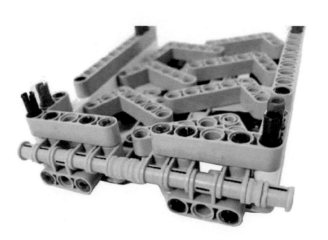

➔步骤24：将上一步的结构和主体结构连接。

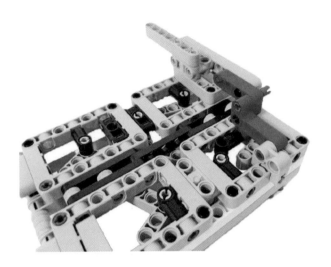

➔步骤26：将上一步搭建的结构和主体结构连接
起来。

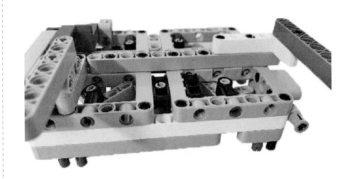

➔步骤25：将两个13单位梁和一个大直角梁用长
销和黑销固定，并在横向的13单位梁上安置5个
黑销。

⊙**步骤27**：将两个15单位梁用黑销和小直角梁连接，并用长销将4个双轴连销转换器固定在结构的四角。

⊙**步骤28**：将3个方形框架用黑销连接，再用11单位梁互锁。

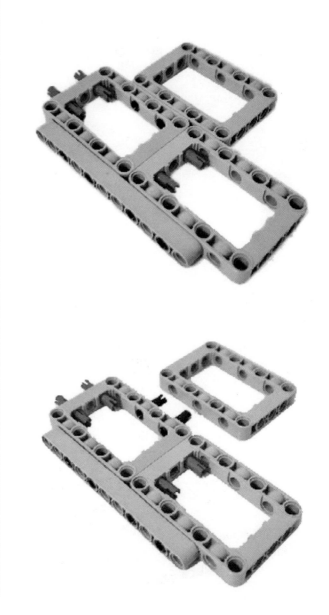

步骤29：将两个黑销插在方形框架上，然后将H形梁固定在方形框架一侧。

步骤31：将上一步搭建的结构与主体结构连接，然后将T形薄片安装于攀岩墙的四角。

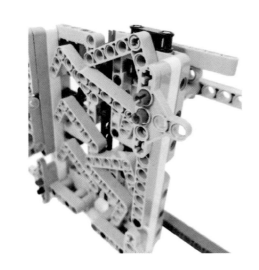

步骤30：将前两步搭建的结构连接起来。

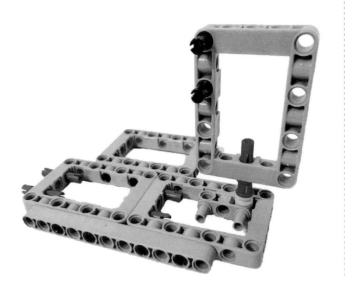

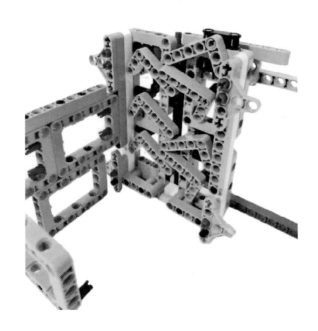

➔ 步骤 32：将 4 个转换器安在薄片前，并用两个 12 单位轴连接。

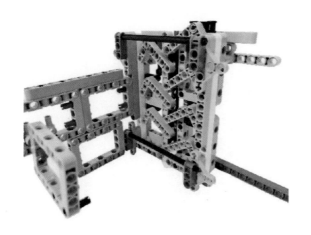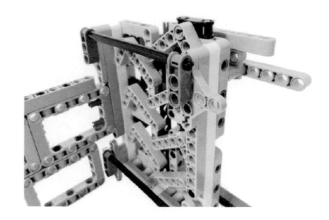

➔ 步骤 33：将步骤 24 搭建的结构与主体结构连接。

⊜步骤 34：将控制器的框架与攀岩墙连接。

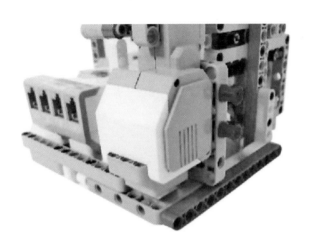

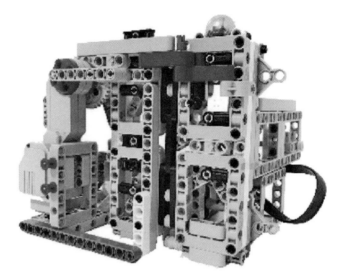

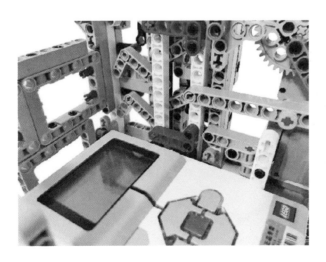

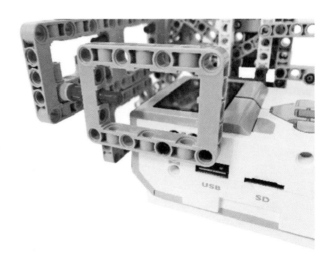

 **难点解析**

① **如何让球与攀岩墙紧密贴合？**

这个问题乍一看好像难度不大，但实际操作起来还是有一点麻烦的。起初我没有考虑到这个问题，后来发现这是一大障碍，于是我才采用了一种没什么技术含量的解决办法——尝试。我发现想使球能够运动的同时又要让球能够与攀岩架精密连接，必须用到半单位薄片来调整它们的间距。这就是为什么要用半单位T形薄片。

② **如何使各个攀岩架（大直角梁）环环相扣的同时给球留出足够的空间？**

这个问题是该机器人的核心也是整个机器人技术含量最高的地方之一。起初我是用一条条15单位白梁搭成一面墙，然后经过多次实验及调整确定每个大直角梁的位置，但经过几次失败后，我改变了主意，因为搭成这样不仅会影响整个结构的牢固性，成功率也并不高，于是我就用方形梁配合单销连轴转换器，一步一步实验得出各个攀岩架的位置，并找到了更好的互锁方法。

2）参考程序

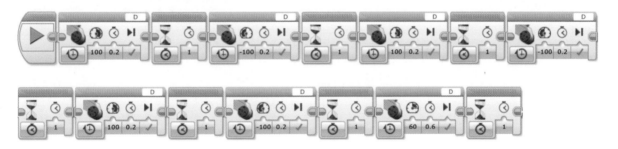

 **创造者的话**

在这个科技发展日新月异的时代，人们与电子设备的接触已经越来越多，同时，人们不知不觉地远离了健身、运动。之所以制作这个机器人，是想让人们在关注科技产品的同时，也多多重视类似攀岩、打球等体育运动。

任务 **7** 摆头风扇

创造者：王嘉睿（北京市八一学校）

摆头风扇是一种常见的家用电器，可以在摆头的同时吹风，那么，摆头风扇的原理是什么呢？通过电机连接连杆，连杆的一端连接在支撑机构上，当摇头电机旋转的时候，由偏心轴带动连杆运动，从而实现风扇的往复摇摆运行。而电机的数量直接决定了制作成本和利润，因此，使用一个电机制造出的具有同样功能的摆头风扇的利润比使用两个电机的高。下面将讲述如何通过一个电机和联动装置制造出摆头风扇。

1.所需主要零件

（1）电子组件 💡

EV3核心程序块×1；中型电机×1；数据线×1。

（2）结构组件 💡

15单位梁×16；13单位梁×2；11单位梁×11；9单位梁×4；7单位梁×8；5单位梁×3；3单位梁×5；3×5直角梁×7；2×4直角梁×4；5×7方形框架×6；5×9H形方形框架×2；T形梁×3；7单位斜梁×1；带弧度的板×4。

（3）机械组件 💡

12单位轴×2；8单位轴×2；5单位轴×2；9单位轴×1；24齿齿轮×2；8齿齿轮×1；40齿

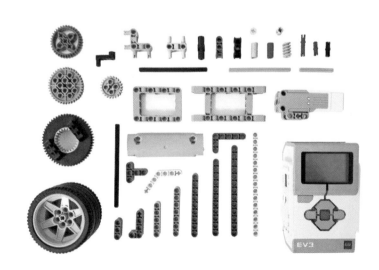

齿轮 ×4；36齿厚齿轮 ×1；大齿盘 ×1；蜗轮 ×2。

（4）互锁组件 💡

黑色2单位连接销 ×50+；蓝色3单位连接销 ×30+；蓝色轴销转换器 ×10+；双轴连销器 ×1；双销联轴器 ×9；轴连接器 ×5；2号轴连接器 ×4；销连接器 ×2；H形双连接销 ×5；L形销 ×8；半轴套 ×4；摇杆 ×2；轴套 ×1。

（5）附加组件 💡

9单位直径大轮 ×1。

2. 搭建步骤及难点解析

将机器分为4大部分：扇叶、风扇底座、摆动部件、按钮（控制摆头）。

1）搭建步骤

（1）扇叶 💡

➡ 步骤1：将一个带弧度的板装在两个双销联轴器上，然后装在一根11单位梁上，并在梁的背面的另一端连续装上两个黑色2单位连接销，制作4个。

➡ 步骤2：将一个遥杆装在一根15单位梁上，制作两个，用一个与步骤1的两个部件相连接。

➡ 步骤3：重复步骤2（对称）。

➡ 步骤4：将步骤3中遥杆能够活动的一端通过15单位梁对应的孔中，插入一根8单位轴，两个从相反的方向插入。

注意：制作风扇的时候，扇叶需要朝向一个方向，且需要长度相同，否则会产生巨大晃动并且无法产生风。

难点解析

扇叶旋转的时候以斜切的方式挤压受力面（上部）的空气，向垂直于扇叶表面的方向运动。

扇叶需要有一定角度来推动空气（需要能分解出一个向上垂直于旋转面的力），扇叶做成流线型是为了避免不必要的摩擦损耗，同时也减小噪声。

扇叶旋转时上部空气受力"流走"而原来所在的位置会产生负压，下部空气因为负压"流入"该区域，形成空气流动。

➡ **步骤5**：在步骤4的组件的8单位轴前面插入一个半轴套。

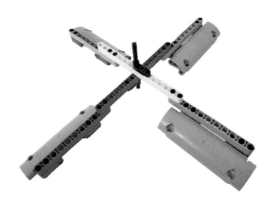

➡ **步骤6**：在轴的另一边插入一个8齿齿轮。

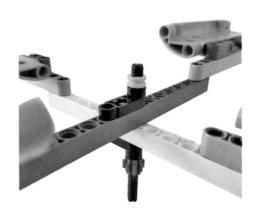

（2）风扇底座

➡ **步骤7**：在EV3核心程序块的底部每边装上两个黑色2单位连接销，在两边装上15单位梁。

步骤 8：在一根 13 单位梁的两端分别插入 2 个黑色 2 单位连接销，在 13 单位梁每边空 1 个单位的位置装上一根 11 单位梁，制作两个。

步骤 9：将步骤 8 的组件装在两根 15 单位梁中间，另一边相同。

步骤 10：在 EV3 核心程序块的两侧插入两个黑色 2 单位连接销，将两个 5×7 方形框架分别装在 EV3 核心程序块的两侧，并在 5×7 方形框架的两侧分别插入 2 个黑色 2 单位连接销。

步骤11：在5×7方形框架的两侧装上15单位梁，底部距离方形框架底部4个单位，另一侧同理。

注意：可以根据自己需要调节15单位梁的高度，最低距离离5×7方形框架的底部5个单位。

步骤12：在两个5×9H形方形框架中间放一个9单位梁，中间用蓝色3单位连接销连接。

步骤13：将步骤12的组件使用黑色2单位连接销装在步骤11的4根15单位梁的顶部。

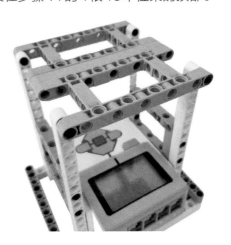

→ **步骤14**：将一个15单位梁的两端装上两个黑色
2单位连接销，空一个单位后再插入一个蓝色3单
位连接销连接，之后在15单位梁的两侧装上两个
3×5直角梁。

→ **步骤15**：在底部两根13单位梁的两边插入4个
L形销，在中间插入黑色2单位连接销，将步骤
14的组件插入L形销中，并将其突出的蓝色3单
位连接销的剩余一个单位插入竖直的15单位
梁中。

注意：将步骤14的成品插入L形销的时候，要空
出最底下的一个单位，插入上面的两个销。

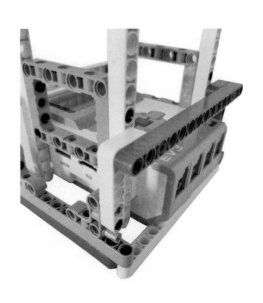

步骤16：在5×7方形框架边上的顶部插入一个黑色2单位连接销，在5×9H形方形框架的中间也插入一个黑色2单位连接销，然后在两个销的上面装一个15单位梁。

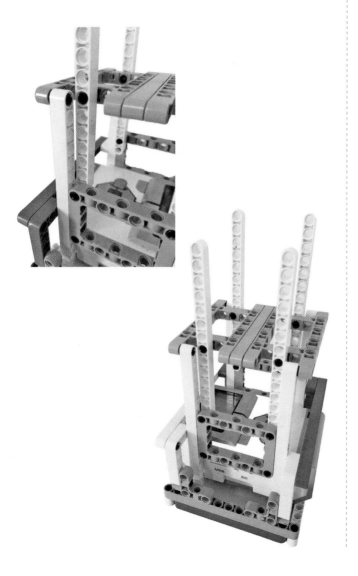

（3）摆动部件 💡

步骤17：在中型电机前装上一个7单位梁，在7单位梁上对准中型电机的十字输出孔插入一根3单位轴，在7单位轴上插入一个24齿齿轮，在底部装上一个24齿齿轮，并在齿轮上插入一个12单位轴。

注意：齿轮需要紧密啮合才能传动。

步骤18：在一个中型电机的两侧分别插入两个黑色2单位连接销，将两个3×5直角梁分别装在中型电机两侧。

步骤19：在中型电机底部连接孔装入一个蓝色3单位连接销，前面装一个蓝色轴销转换器，然后插入一个2×4直角梁，再装上一个黑色2单位连接销。

步骤20：在右侧的3×5直角梁边上通过两个黑色2单位连接销装上一个15单位梁，在左侧使用同样方法装上一个9单位梁，右侧装上另一个9单位梁。

➡ **步骤21**：在右下方的2×4直角梁边装一个15单位梁，使用一个黑色2单位连接销和一个蓝色轴销转换器，在左侧装上一个H形双连接销，在它的底部装上一个H形双连接销。用同样方法在左边装上一个7单位梁，它的右侧装上一根7单位梁，在它的右侧再装一个7单位梁。

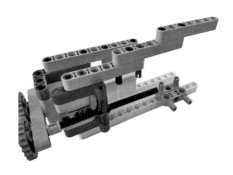

➡ **步骤22**：在右侧的15单位梁的右侧装上一个双135°雪橇梁，在左边的9单位梁的左侧装上一个H形双连接销，在它的左侧再装上一个双135°雪橇梁，均使用黑色2单位连接销连接。

➡ **步骤23**：拿出两个T形梁，在它们的内侧分别装上两个L形销，然后在前部装上一根9单位梁，在它的中间插入一根3单位轴，在后面用一个半轴

套插入固定，前面用一个轴连接器插入固定。如图所示，在轴连接器的前方插入一根12单位轴，并在它的前方也插入一个轴连接器。

➡ **步骤24**：将这个部件装在步骤22及前面所完成的组件中的双135°雪橇梁上。

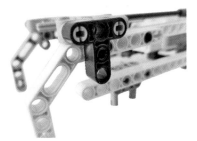

➔ **步骤25**：在部件底部7单位梁的右侧装上一根2×4直角梁，并在它和前面的7单位梁的交汇处使用两个蓝色轴销转换器安装一个双轴连销器，在2×4直角梁的后方安装一个7单位梁。在部件最后侧的两个7单位轴连接器中间插入两个紧挨着的2单位轴连接器。

➔ **步骤26**：将步骤25中的组件与双135°雪橇梁连接，在右侧安装一个2×4直角梁，并在它的右后方安装一根7单位梁，在两个2×4直角梁的中间安装一个2单位轴连接器。

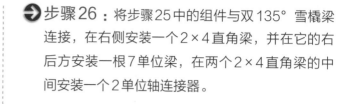

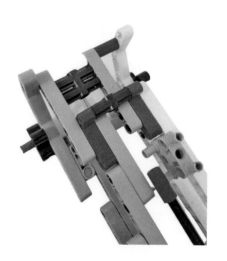

➡ **步骤27**：在两个2×4直角梁的中间安装一个2单位轴连接器，在最下方的12单位轴的最后方插入一个轴连接器，并向里插入两个蜗轮，在后面再插入一个半轴套，将轴插入后方的2单位轴连接器的孔中，最后插入一个轴套。

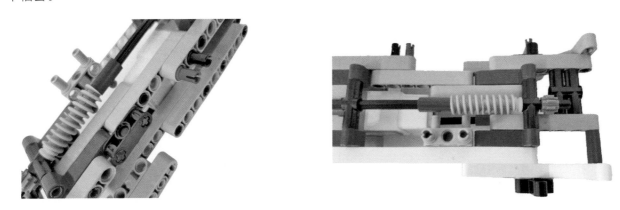

➡ **步骤28**：拿出一根9单位轴，在它的最下方插入一个40齿齿轮，然后插入一个9单位梁，再向上空两个单位，然后插入最左侧的双轴连销器中，再在上面空半个单位插入一个半轴套，再向上插入一个双销联轴器，最上方装上一个轴连接器。

注意：驱动主体中的摇摆头转换部件可能会出现问题，需要自行调整两个40齿齿轮间距。

➡️ **步骤29**：将步骤28中的组件的9单位轴插入固定在7单位梁上的双轴连销器里。

➡️ **步骤30**：将步骤28中的9单位梁的右上方安装一个3×5直角梁，左上方同样，在右边的3×5直角梁上方再安装一根5单位梁，与上方的H形双连接销相连，在9单位梁上使用蓝色轴销转换器装一个40齿齿轮。

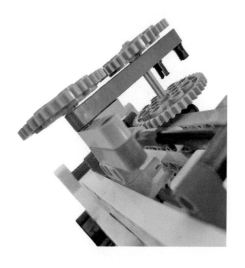

  难点解析

　　通过制作可以上下移动的齿轮，使得齿轮可以在与蜗轮接触和不接触之间切换，从而实现摆头和不摆头的模式转换。

➜ **步骤31**：拿出一根7单位梁，在它的下端装上一个H形双连接销，在上端安装一个5单位梁，然后与右侧的3×5直角梁连接。

➜ **步骤32**：在最左下的3×5直角梁的前面安装一个5单位梁，在它的下方安装一个5×7方形框架，与后面的3×5直角梁和最右边的5单位梁连接。

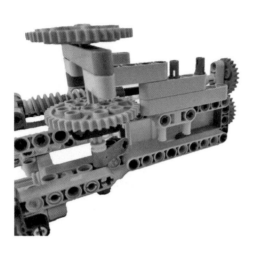

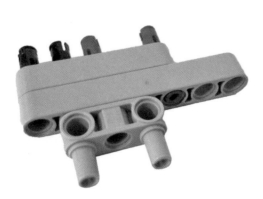

➡ **步骤33**：在5×7方形框架下再装一个5×7方形框架，在它的右侧装一个3单位梁，然后在它的右边安装一个3单位梁。

➡ **步骤34**：用一个双135°雪橇梁将5×7方形框架与附近的15单位梁相连。

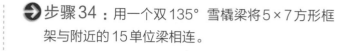

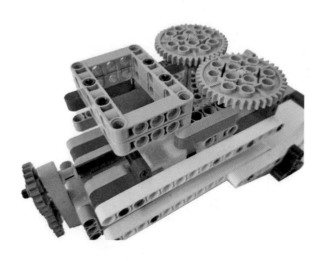

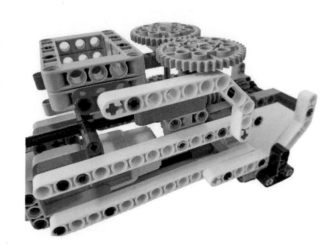

➲ 步骤35：如图所示，将一个大齿盘安装在最下方的5×7方形框架下，每边用2个蓝色3单位连接销固定，下面安装两个H形双连接销，再往下装上两个11单位梁。

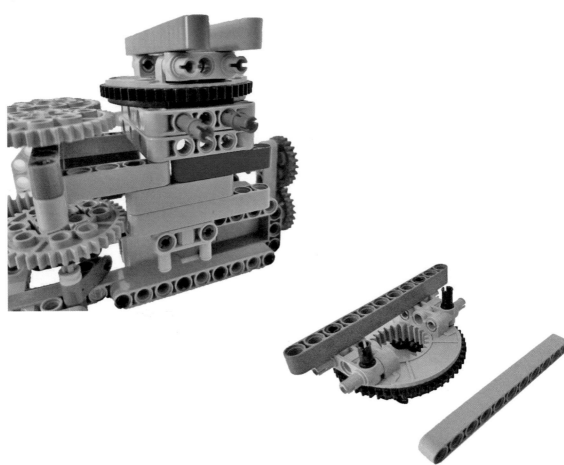

→ 步骤36：拿出两个并列的5×7方形框架，前面装一个7单位梁，在两头装上黑色2单位连接销。在后面的5×7方形框架两边各装一个3单位梁，然后在上面每边加一个L形销，在它的前面装一个9单位梁，在两端装上黑色2单位连接销。

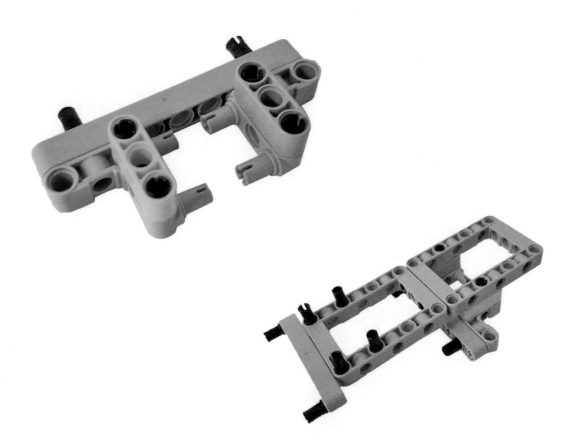

➡️**步骤37**：将步骤35的组件安装在摆动部件上。

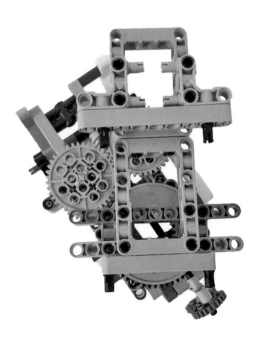

➡️**步骤38**：在两个5×7方形框架的各边上分别安装一个11单位梁，在右侧的梁的最后一个单位上安装一个40齿齿轮，用蓝色轴销转换器同一个7单位斜梁连接，这个7单位斜梁同上面的可转动部件中的40齿齿轮连接。

注意：驱动主体的连杆部件需要调整或更换其他部件，转动效果可能会提升。

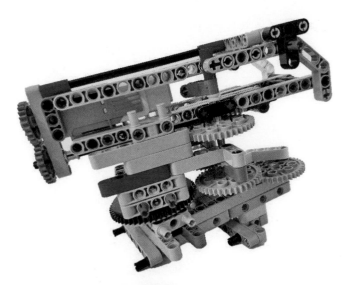

 难点解析

通过连杆与齿轮的配合，使得上方齿轮在向一个方向旋转的时候，可以带动整个摆动部件左右摆动。

步骤 39：拿出一根 7 单位梁，插入一个 36 齿厚齿轮，在前面插入一个 9 单位大轮，再插入一个半轴套。将它插入部件最后的两个并联的 2 单位轴连接器中，并在最后插入一个轴套。

（4）按钮（控制摆头）💡

→ **步骤40**：拿出摆动部件，在左侧最上端的双
135°雪橇梁的顶部使用蓝色轴销转换器安装一个
双销连接器，并且在旁边的T形梁上使用两个蓝
色3单位连接销安装一个3单位梁。

→ **步骤41**：拿出一根7单位梁，在它的上面装
上一个蓝色轴销转换器，在另一端装上一个销连
接器。

→ **步骤42**：将步骤41的组件安装在摆动部件上。

➡ **步骤 43**：拿出一根 3×5 直角梁，在它的上面装一根 3 单位梁，并将它装在摆动部件上。

注意：操控按钮的时候，向上提起并使其挂在 3 单位梁上时为开始摆头，将它放下时则为停止转动。

  难点解析

　　按钮的工作原理是通过挂在 3 单位梁上以保持下面所连接的轴的高度，使得最下方的两个 40 齿齿轮可以啮合，令其成功传输动能，开始摆动。而放下按钮则会使得最下方的 40 齿齿轮空开间隙，无法啮合，因此无法传递动能。

➡ **步骤44**：如图所示，将前面做的所有部件组装
在一起。

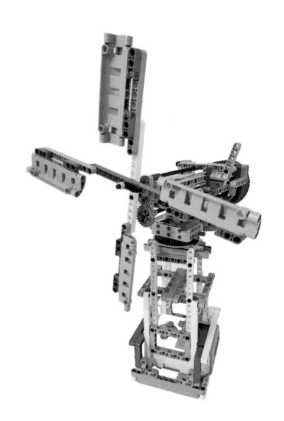

2）参考程序

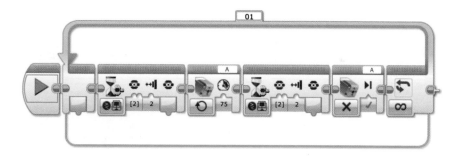

创造者的话

　　高尔基说过："如果学习只在于模仿，那么我们就不会有科学，也不会有技术。"因此，我们在学习中不仅要学习知识，更要学习知识背后的原理。

　　电风扇作为一种通过加快物体表面空气流速而达到降温目的的电器，其价格和功能是决定它是否实惠的标准。在使用两个电机实现摆头和产生风的条件下，使用一个电机和机械结构组成的电风扇会比使用两个电机更节约成本。我们可以在只使用一个电机的情况下，保持跟其他商品同样的摆头和吹风的功能，那么我们就可以获得更高的利润。

　　那么，如何来实现这一任务呢？我们根据齿轮啮合时可以传输动能而不啮合时无法传输的特点，用单电机设计出可以调节两齿轮距离的机械部件，实现能同时控制风扇转动与摆头功能的、成本低但功能全的摆头风扇。

任务 **8** 纸杯翻转

创造者：柳思铭（北京一零一中学）

　　靠墙处倒扣一纸杯，杯子上有一乒乓球。现机器人在离墙有一定距离处启动，将杯子翻转后再把乒乓球放入。机器人离开后，杯子应正放在原位置，乒乓球在杯子里，杯子不翻倒。要求只用一个电机，并且只能用于驱动。

　　机器人完成动作的时间顺序为：将球抬起—翻转杯子—将球放入杯子。

1.所需主要零件

（1）电子组件 💡

EV3核心程序块×1；大型电机×1；导线×1。

（2）结构组件 💡

5×7方形框架×14（可替换）；15单位梁×20+（部分可替换）；13单位梁×10+；9单位梁×10+；7单位梁×10+；5单位梁×10+；3单位梁×10+；T形梁×10+；雪橇梁×10+；3×5直角梁×10+；2×4直角梁×10+。

（3）机械组件

8 单位轴 ×3；7 单位轴 ×3+；3 单位轴 ×3；9 单位轴 ×3；5 单位轴 ×2；全轴套 ×10；2 单位轴 ×2+；半轴套 ×2（可替换）；乐高标准黄色皮筋 ×3。

（4）互锁组件 ☀

黑销 ×200+（可替换）；蓝色长销 ×100+（可替换）；黄色长销 ×4；蓝色轴销转换器 ×20+；黄色轴销转换器 ×2；双连接销 ×8（可替换）；2 单位轴连接器 ×6；3 单位 180° 轴连接器 ×2；90° 轴连接器 ×1；红销 ×11。

2.搭建步骤及难点解析

1）搭建步骤

（1）驱动部分 ☀

🔘 步骤 1：将两个方形框架和 15 单位梁固定在电机上。

🔘 步骤 2：用长销和雪橇梁把 EV3 主机固定在电机上。

➡ **步骤3**：用15单位梁互锁主机、方形框架、电机。此处T形梁可用其他直角梁代替。

➡ **步骤4**：加固方形框架和主机。在驱动部分后互锁位置添加支架。注意支架不要触地，离地有一定距离即可。

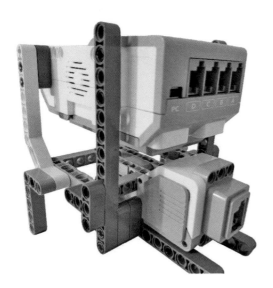

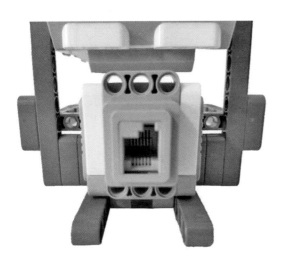

➡ 步骤 5：安装主动轮，中间为 7 单位轴，两边为 9 单位轴，可用轴连接器连接。此处可将轴与方形框架用大直角梁互锁。

➡ 步骤 6：装上两个从动轮。中间为 9 单位轴，两边为 5 单位轴。

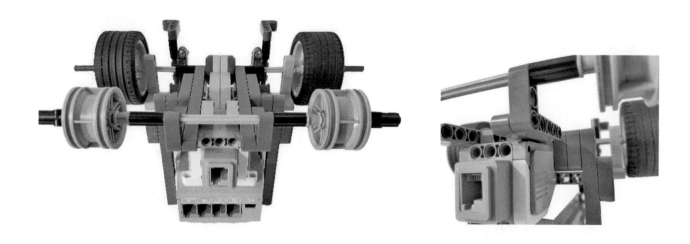

➡️ **步骤7**：搭建触发滑道，并组装到驱动部分上。滑道的底面需用梁的侧面。

  难点解析

关于滑道：滑道是本机械结构中必不可少的一个部分，它可以使部件按一定轨迹直线运动。一个功能良好的滑道需要包括：

① 使用梁的光滑面与光滑面或粗糙面接触，避免粗糙面与粗糙面接触以保证其滑动通畅；

② 要限制滑道的滑动范围；

③ 要有稳定的互锁结构。

另外，滑道的固定和互锁也是触发器能够顺畅滑动的因素之一，所以需要很多零件互锁。此滑道就是一个典型的例子。读者们在接下来的搭建过程中会遇到很多滑道，原理和难点也是类似的，就不再提及了。

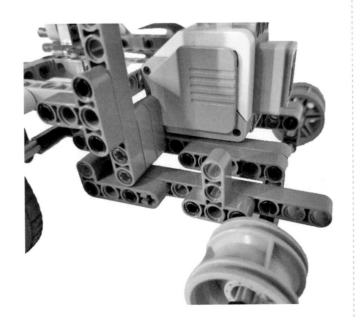

驱动部分

（2）触发部分 💡

→ 步骤 8：用 15 单位梁、直角梁和 T 形梁组装滑道框架。注意两个滑道在底部有区别。

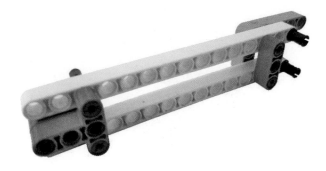

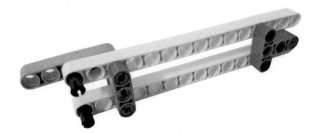

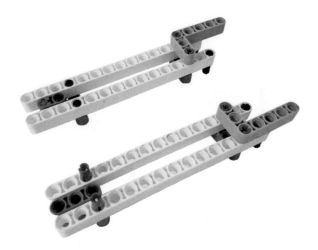

➡️ **步骤9**：用方形框架和梁将两个滑道固定。将方形框架垫起一格是为了连接驱动部分。

➡️ **步骤10**：做出滑道顶。上方的T形梁是用来挂皮筋的，需留出一格空隙。

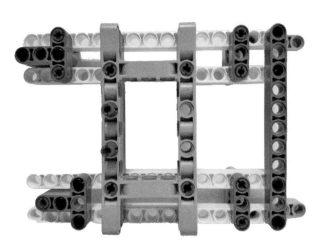

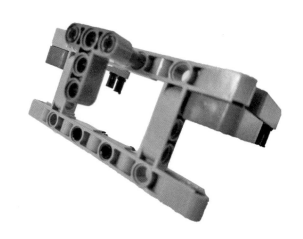

→ 步骤 11 ：将滑道顶安装在滑道上。

→ 步骤 12 ：搭建抬升部件的两个部分。灰色轴为
9 单位轴。

→ 步骤 13 ：将抬升部件组装，并安装到滑道中。

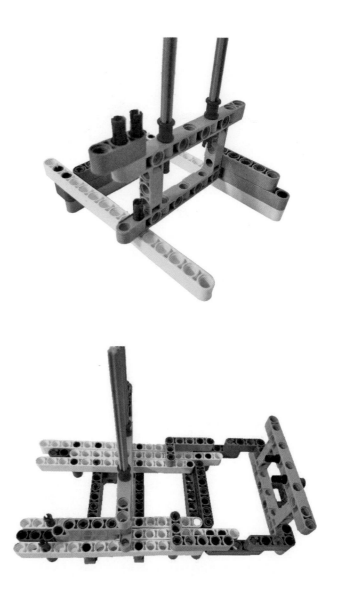

➔ **步骤14：**搭建翻转部件的两个部分，并将其组装。黑色轴为8单位轴，黄色长销可以用轴替换。

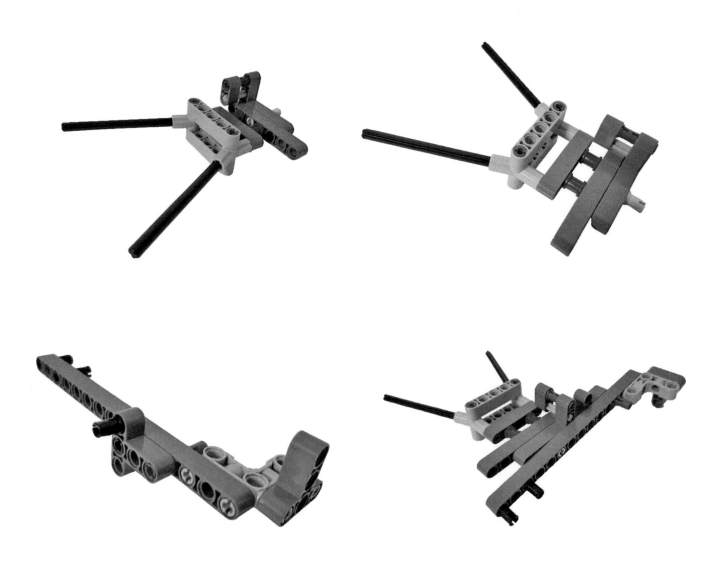

→ 步骤 15：在滑道上做出翻转部件的皮筋架。

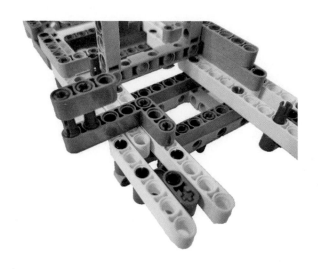

→ 步骤 16：将翻转装置安装在滑道上，并连接黄色皮筋。

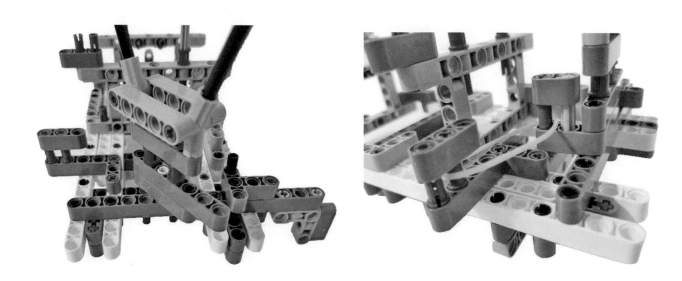

➡ **步骤 17**：将抬升部件与滑道顶部用皮筋连接。

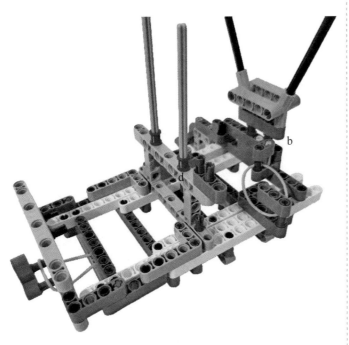

触发部分

 难点解析

触发装置：如何不用电机完成动作一直都是抽象问题的难点。现在完成的这一部分就是本任务设计的触发装置。装置b用来翻转杯子，其由两个可旋转的轴构成。它被弹簧拉动后会进行一次180°旋转，来翻转杯子。装置d被弹簧拉动后会向上运动从而抬起杯子。

（3）左框架 🔆

➡ **步骤 18**：固定导轮，然后分别向上、向后用梁延伸。再用15单位梁和大直角梁做出一个直角框架。

➔步骤19：将两个直角框架连接。

➔步骤21：同上，将方形框架固定在直角框架上。

（4）右框架 ☀

➔步骤22：仿照左框架搭建另一个相同的对称框架。

➔步骤20：将方形框架固定在直角框架上。

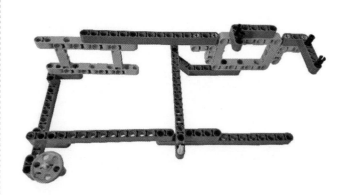

➡ 步骤23：做出上下层滑道。

➡ 步骤24：将下层滑道安装到右框架上。

➡ 步骤25：将上层滑道安装到右框架上。

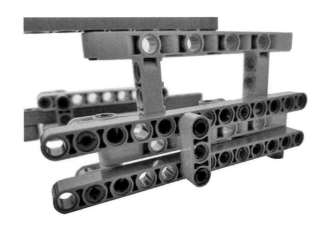

→ 步骤 26：搭建触发器的两个部分，注意每个梁的长度以及销的位置。

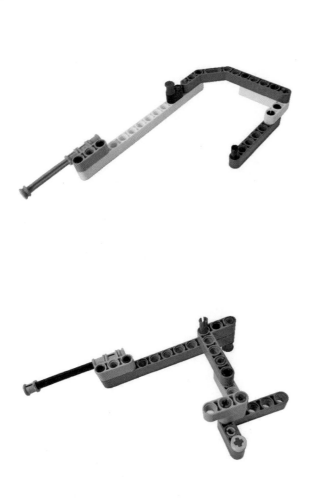

→ 步骤 27：将触发器安装到一起，并安装到右框架上的滑道中。

右框架

难点解析

如何触发：储存着能量的机械装置需要有触发器来触发它们的运动。如图，转杯子的结构b被触发器a卡住，黄色皮筋处于伸长状态。当a接触墙壁时向后移动，b的运动不再被a阻挡，于是b就会被触发，将杯子翻转。关于结构d和触发器c的原理类似，c触墙后移，d的运动不再被c阻挡，就被皮筋抬起，从而将球抬起。

 难点解析

时序1：当机器人触墙后，机械架构完成的动作顺序应为抬起乒乓球—翻杯子—放球。为了实现前两个时序，本作品中将右框架中翻杯子和抬球的装置（a和c）触发器合二为一，并且抬球的触发要比翻杯子的触发距离少两个乐高单位。这样就保证了前两个时序不会混乱。

但是在测试中又出现了问题：翻杯子时纸杯经常会碰到在抬起中的抬升装置，导致杯子翻不过去。也就是说，前两个触发动作间隔时间太短。对此我不再从延长触发器时间上入手，而是将翻杯子的两个轴缩短了一格变为8单位，以便机器人给杯子更大压力。这样当机器人撞到墙面时，由于摩擦力，杯子不会翻转。当机器人向后撤时机器人对杯子的压力减小，杯子才会翻转。这就避免了抬球与翻杯子两个动作的冲突。

（5）回路部分 ☀

➡ **步骤28**：用4个11单位梁做出滑道，并用两个7单位梁进行简单互锁。

➡ 步骤 29：用方形框架做出滑道框架。

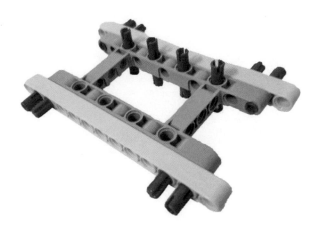

➡ 步骤 30：将二者拼接。

➡ 步骤 31：搭建出触发器。灰色的为 3 单位轴。

➡️ **步骤** 32 ：在滑道的两端用7单位梁和3单位梁互锁。

➡️ **步骤** 33 ：将触发器放入滑道中。

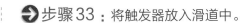

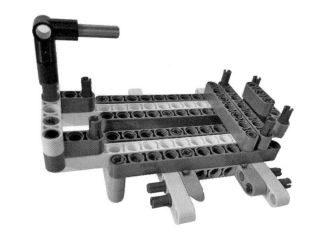

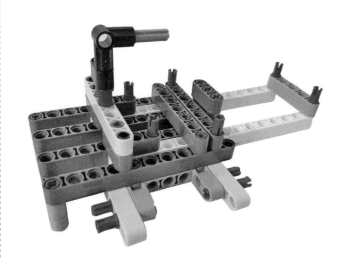

步骤 34：用黄色皮筋挂在触发器与滑道上。

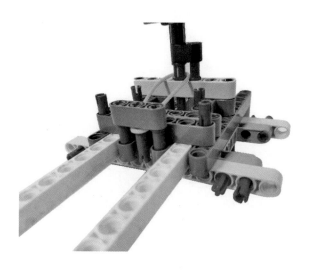

步骤 35：用方形框架和雪橇梁做出两个对称的滑道固定框架。

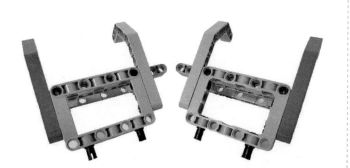

步骤 36：将固定框架安装在滑道上。

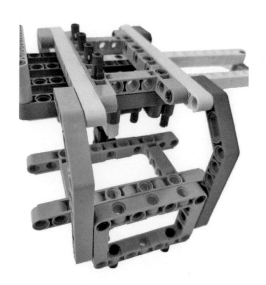

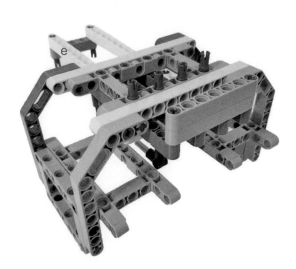

回路部分

难点解析

回路设计：杯子翻过来后下个动作是放球。翻杯子发生在机器人后退的瞬间，所以放球这个动作就应该发生在机器人离开墙面后。本作品对于此难点还是采用了储存弹性势能的方法。如上图，装置 e 在机器人撞墙的过程中被向后推，皮筋伸长，在 e 下方的 3 单位轴随之后退，为将要抬升的球提供空间；机器人向后退时，储存的弹性势能被释放，e 装置相对于机器人向前移动，下方的 3 单位轴随之向前移动，并将球推入杯子中。这样既将球推入杯子中，又确保了时序的正确。这个装置和前两个装置不同的是，它不释放原有的能量，而是巧妙地将机器向前行进的动能转化为了球最终进入杯子的动能。

（6）整体组装 ☀

➡ **步骤 37**：将右框架安装到驱动部分上。

注意：右框架上的触发器要插入驱动部分的滑道中。

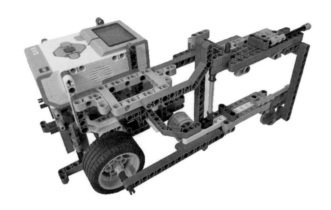

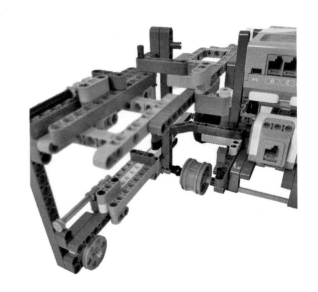

➡ **步骤38**：将触发部分安装到驱动部分上。注意触发部分和右框架并无连接。

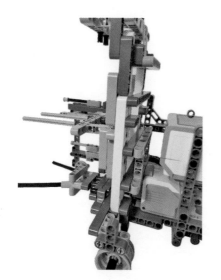

➡ **步骤39**：将左框架安装到驱动部件上。注意左框架和翻转部件上的 T 形梁有连接。

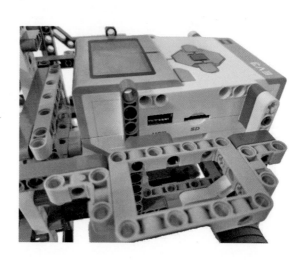

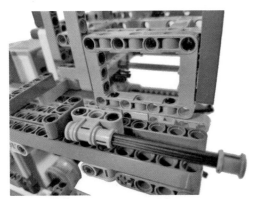

步骤40：将回路安装在左框架和右框架上。

注意：回路部分与触发部分的滑道顶有连接。

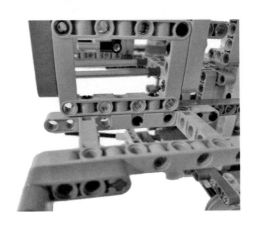

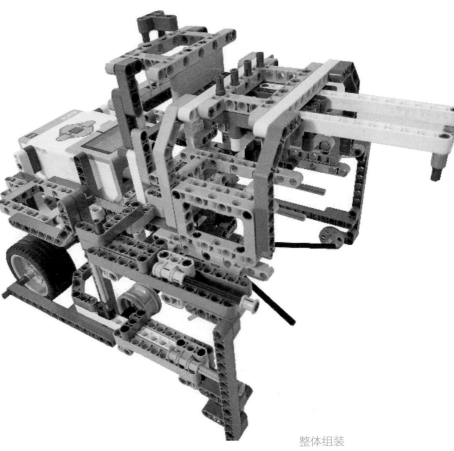

整体组装

（7）部分互锁 🔅

步骤 41：用雪橇梁将左框架与右框架互锁。

步骤 42：用轴销转换器将驱动部分与触发部分互锁。

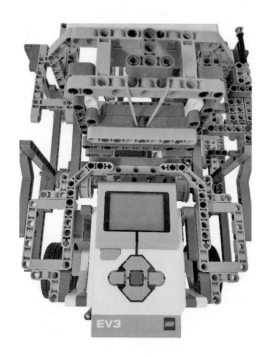

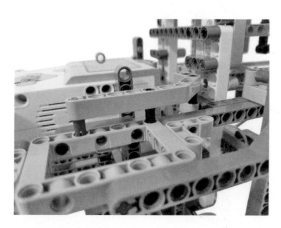

作品完成如下图。

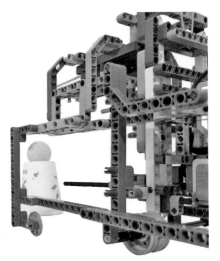

2）参考程序

3）技术拓展

对于翻转杯子的任务还有很多的解法，这里再提

供一种可行的办法。首先让机器人前进碰撞墙壁，触发一个抬球的装置，将球抬起。这个装置在抬起的过程中触发翻杯子的装置，使杯子翻转。最后抬起杯子的装置落下，球放回杯中。这个方案的精妙之处在于使用连续触发的方式来控制时序，但是实现起来较难。各位读者也不妨再尝试一些其他方法。

　创造者的话

　　对于翻杯子这个比较复杂的任务，更多的人会选择多电机的结构。而本作品却不走捷径，只用单电机解决这个问题：使用滑道、触发器、皮筋，再加上多种互锁等结构完成翻杯子的一系列动作；用触发距离和摩擦力进行时序控制。这其中涉及抽象思维、创新能力、整体思想以及对乐高机器人的理解等。这个作品溯其源头就是创新和尝试。"创新有时需要离开常走的大道，潜入森林，你就肯定会发现前所未见的东西。"当思想跳脱出固有的模式时就是创新，如问自己"一个机器人只有一个电机时，它能够完成什么呢？"这样的问题。敢于尝试，多加创新，就能打破常规的认知。

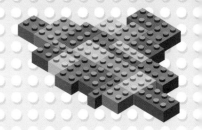

第**3**部分

机器人仿生任务——现实的还原

扫码观看演示视频

任务 **1** 盛开的花

创造者：莫斯媛（北京师范大学附属中学）

"生如夏花之绚烂，死如秋叶之静美。"泰戈尔这样赞美生命的平静美好。这句话不仅写出了泰戈尔心目中生命应有的样子，还暗含了本作品——如夏花一样绚烂的机械花。这个机械花通过蜗轮与齿轮的啮合，形象地表现出花朵从花苞到绽放的过程，并给人以赏心悦目的视觉享受。本作品以贴近自然为主，所以大量运用含有弯折的斜梁来表现自然的曲线美，以求最大程度还原自然的机械花。

1.所需主要零件

（1）电子组件

EV3核心程序块 ×1；EV3小电机 ×1。

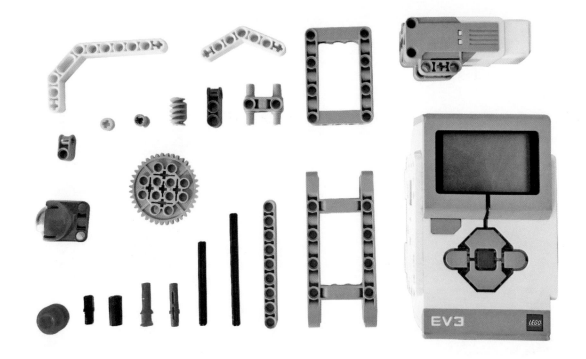

（2）结构组件 💡

5×7方形框架×20（可替换）；15单位梁×10（部分可替换）；13单位梁×8；11单位梁×10；9单位梁×10；5单位梁×4；135°梁×10；双135°梁×4；斜梁×12。

（3）机械组件 💡

40齿齿轮×4（可替换）；4单位轴×1；10单位轴×1；蜗轮×3；5单位轴×4；万向轮×1。

（4）互锁组件 💡

黑色连接销×12+（可替换）；蓝色连接销×12+（可替换）；双连接销×4（可替换）；2单位轴连接器×1；半轴套×3；红色长销×1；双销联轴器×1。

（5）附加任务道具 💡

花蕊×1。

2.搭建步骤及难点解析

1）搭建步骤

（1）底座 🔅

➲ **步骤1**：将2个5×7方形框架分别安装在主机两侧，用黑销固定。

➲ **步骤2**：将11单位梁用黑销固定在方形框架上，并安装在一起。

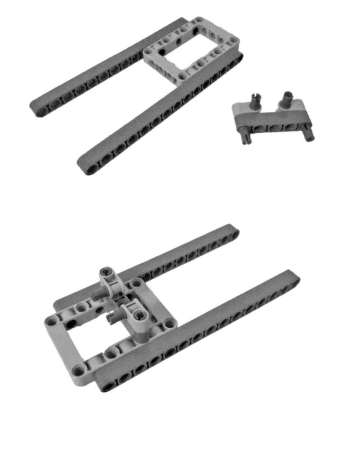

步骤 3：用黑销将 2 个 5×7 方形框架分别安装在 11 单位梁上。

步骤 4：将 4 个 15 单位梁用黑销固定在步骤 3 的方形框架侧面，并用黑销安装 4 个 135° 梁。

（2）花瓣 💡

步骤 5：将 3 个 135° 梁固定。

步骤 6：在 135° 梁的外侧倒装双 135° 梁。

步骤 7：在距离 13 单位梁底部的第 5 个单位处安装双连接销，并在最顶端安装 40 齿齿轮，用 5 单位轴连接。

◉ **步骤8**：将步骤5的半成品与步骤6的半成品组
装起来。按上述步骤制作出4个花瓣。

◉ **步骤9**：将其中的2个花瓣分别用2个9单位梁
互锁在15单位梁上。

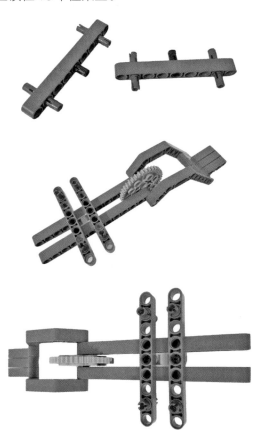

（3）花蕊制作 💡

◉ **步骤10**：将3个蜗轮用10单位轴固定，在顶部
放置轴连接器，在底部放置半轴套和全轴套。在
轴连接器上方放置4单位轴，在4单位轴底部放置
花蕊，并在顶部用半轴套固定。用红色长销倒装，
在顶部放置万向轮。最后将它们拼装在一起。

步骤 11：将小电机用双销联轴器、黑销固定在 5×7 方形框架上。再准备另一个 5×7 方形框架备用。

步骤 12：将拼装好的小电机部分和备用的 5×7 方形框架安装在 15 单位梁上。

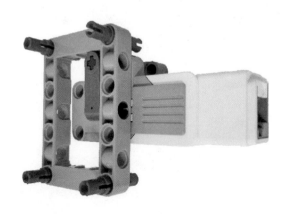

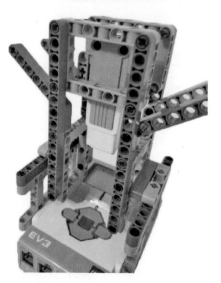

（4）总体安装 💡

➡ **步骤 13**：将2个安装9单位梁的花瓣安装在与
斜梁同侧的15单位梁上，对侧也一样！

　　注意：一定要将双连接销的孔与5×7方形框架的
孔对齐。

➡ **步骤 14**：其余两侧直接安装即可。

这样就大功造成了，赶紧去炫耀一下吧！

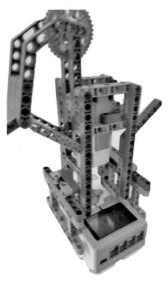

2）参考程序

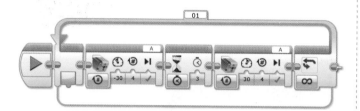

 难点解析

① 如何能让花蕊与花瓣咬合得更紧？

花蕊的蜗轮如何能有效地与花瓣的齿轮啮合？这个问题是整个结构中最难以解决的。在这里使用的办法是：将花瓣的部分延伸，固定在底座部分，使4个花瓣上的齿轮不会随意晃动。再将花蕊的低端固定在5单位梁上，这样可以充分

地让齿轮和蜗轮啮合。通过固定让花的变化更加生动。

② 如何搭建能与自然花瓣更相似？

在大自然中，花瓣的形状是不规则的，这就成为了本次任务的另一个瓶颈。我在此处运用了零件——斜梁。在两个双135°梁的中间，我拼装了3个斜梁。将斜梁的突出部分靠近内部安装，使花瓣形成S形，来贴近自然中的不规则花瓣。双135°梁让机械花更加真实。

③ 如何模拟自然中花的其他部分？

在大自然中，一枝完整的花需要有翠叶的陪衬。在这里，我用了135°梁固定在15单位梁上，倒装可以更像叶子。这样这枝机械花就更完整了。根据搭建的情况，可以适当增加、改变叶子的长度，使得机械花的整体更加协调。

 **创造者的话**

爱因斯坦为鼓励创新曾说："若无某种大胆的猜想，一般是不可能有知识的进展的。"众所周知，1个蜗轮可以带动1个齿轮。那我就有一个想法：用1个蜗轮是否可以带动4个齿轮呢？那什么生物是以某个东西为轴经历生命周期的呢？这两个疑问萦绕在我的心头，百思不得其解。"零落成泥碾作尘，只有香如故。"陆游的《卜算子·咏梅》蓦然浮现在我的脑海中，这让我冒出一种想法，我可以制作一枝机械花啊！机械花的花瓣以花蕊为中心绽放，这样我就可以将花蕊用蜗轮代替，将花瓣的一部分安装上齿轮，通过1个蜗轮与4个齿轮的啮合制作出一枝机械花。

任务 ② 跳绳机器人

创造者：狄靖琨（北京市第一七一中学）

跳绳机器人，运用杠杆原理，利用电机控制的杠杆，先将机器人的前端撑起，使机器人呈倾斜状态。再利用平衡装置使机器人腾空，并且保持平稳，不让机器"翻跟头"，之后快速收回。在腾空的过程当中，让电机将支撑的梁快速绕过机器人的底部，回到最初的位置。这样就完成了机器人的一次跳绳。循环运行，就完成了机器人的多次跳绳。

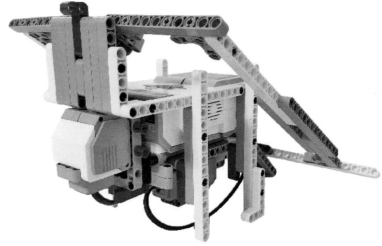

1.所需主要零件

（1）电子组件

EV3核心程序块×1；大型电机×2（可替换）；导线×2。

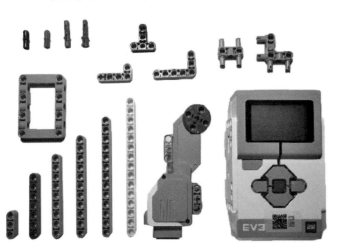

（2）结构组件

5×7方形框架×1（可替换）；15单位梁×10（部分可替换）；13单位梁×4；11单位梁×8；9单位梁×8；7单位梁×7；3单位梁×3；3×5直角梁×4；2×4直角梁×7；T形梁×2。

（3）互锁组件

黑色连接销×50+（可替换）；蓝色连接销×25+（可替换）；蓝色轴销转换器×2+；双连接销×8（可替换）；红色轴销转换器×4。

2.搭建步骤及难点解析

1）搭建步骤

（1）摇绳部分 ☀

➡ **步骤 1**：将一个 5×7 方形框架固定在一个电机上。

➡ **步骤 2**：将两个 T 形梁、两个双连接销和两个 9 单位梁组装在一起，安装到电机上。

➡ **步骤 3**：将组装好的电机安装在 EV3 核心程序块上。

➡ **步骤 4**：组装这两个固定电机和 EV3 核心程序块之间的结构。

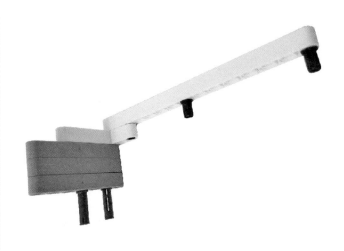

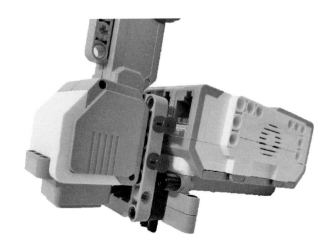

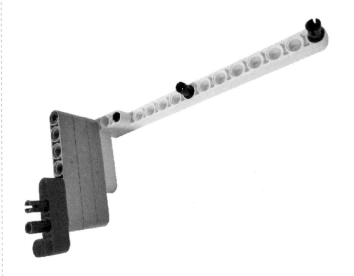

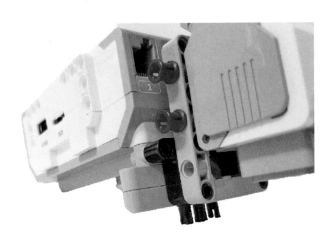

→ 步骤5：用上一步搭建好的固定结构固定电机。

（2）平衡部分 💡

→ 步骤6：将4个11单位梁，两两拼在一起（两边对称），安装在电机上。

➜ 步骤 7：用4个9单位梁和4个2×4直角梁搭成如下结构（右边两个对称，左边两个对称）。

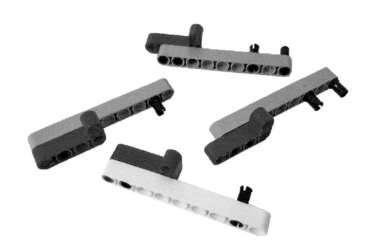

➜ 步骤 8：将上一步搭建的结构依次安装在电机上。

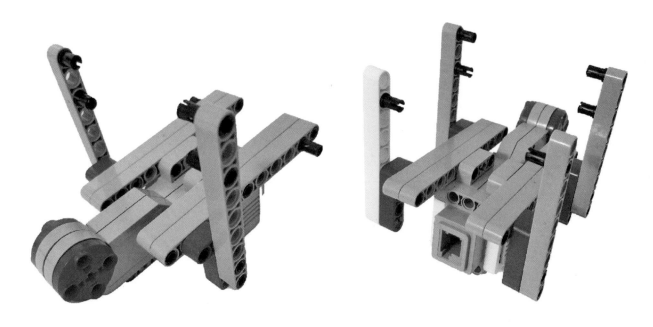

⊙步骤 9 ：将电机固定在 EV3 核心程序块的底部。

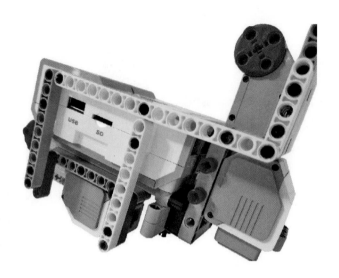

⊙步骤 10 ：用两个 11 单位梁和 3 个 3 单位梁拼在一起。

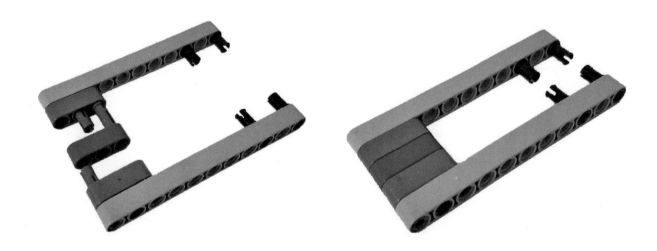

➡ 步骤 11：将拼成的结构安装在电机上。

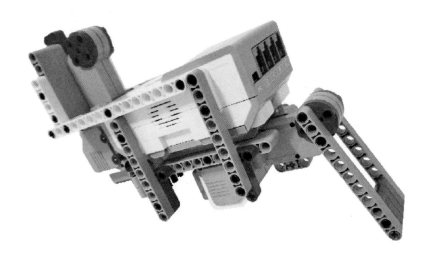

（3）杠杆（绳子）部分 💡

➡ 步骤 12：搭建一个方形的架子（两边对称）。

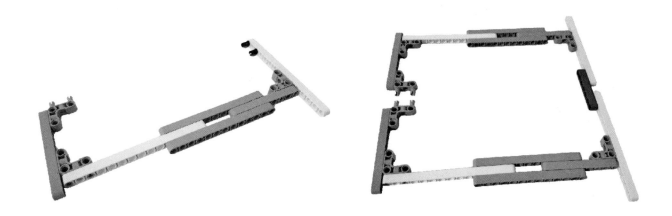

步骤 13：将方形的架子安装在电机上。

（4）加固部分 💡

步骤 14：用3个黑色连接销插在两个2×4直角梁上，将其安装在机器人的底部。

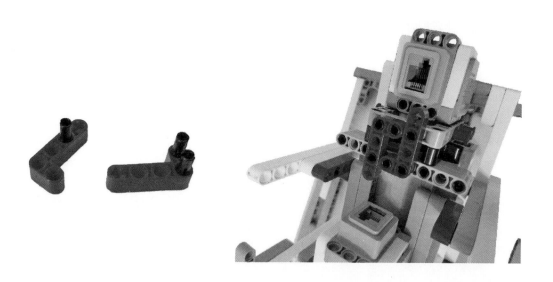

步骤 15：编程。让复合式杠杆（绳子）将前端撑起，然后平衡装置提供一个反作用力，让绳子从机器人底部绕过，平衡装置快速收回，否则机器人就会"绊倒"。

注意：在编程过程中，要注意调试，调到最佳的数据。

2）编程

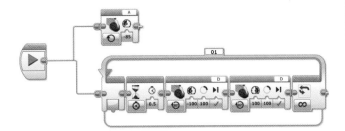

  难点解析

① 为什么要搭建一个平衡装置？

如果没有平衡装置，机器人就会翻跟头，达不成跳绳的目的。安上平衡装置可以让机器人保持平稳，让复合式杠杆（绳子）从机器人的底部绕过，达到使机器人跳绳的目的。

② 作品中的逆向思维。

在现实的生活中，我们在跳绳时是先跳起来再挥动绳子让绳子从身体下绕过。但在这次作品中，我们是先用复合式杠杆（绳子）支撑起机器人，再用"脚"跳起，这跟我们跳绳时的思维正好相反，所以在这次任务中我们用到了逆向思维。

创造者的话

　　这个作品的灵感来源于一次学校的跳绳比赛，我看到一个个正在跳绳的人，于是想到做一个机器人来模仿人跳绳。在生活中，有很多机器人也都仿照了人的动作来完成一些任务。在这个作品中，模仿人的跳绳动作，用杠杆原理来支撑机器人，用一个平衡装置来保持机器人的平衡，并使用逆向思维完成机器人的跳绳动作。

任务 ③　街舞机器人

创造者：林天润（北京世青国际学校）

这个作品通过电机的或齿轮的减速力量带动人形机器人完成从劈叉到直立的过程。减速力量是指一个较小齿轮带动一个较大齿轮从而达到减慢速度、加大力量的效果。本作品要用到两组齿轮的减速运动，通过小齿轮带动大齿轮，最后由大齿轮带动腿。这个作品的重点是搭建能进行减速运动的一个齿轮组，通过齿轮组带动较重的主机和其他结构。

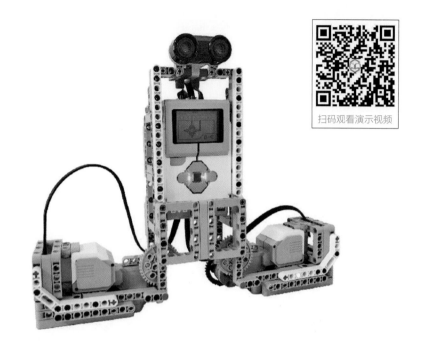

扫码观看演示视频

1.所需主要零件

（1）电子组件 💡

EV3核心程序块×1；大型电机×2；超声波传感器×1（选用）；导线×2。

（2）结构组件 💡

5×7方形框架×16；15单位梁×2；11单位梁×8；9单位梁×5；5单位梁×5；3单位梁×2；2单位梁×2；2×4直角梁×2；3×5直角梁×4；雪橇梁×6。

（3）机械组件 💡

40齿齿轮×2；36齿齿轮×2；12齿齿

轮 ×2；8齿齿轮 ×2；4单位单向轴 ×2；3单位单向轴 ×6。

（4）互锁组件 💡

黑色连接销 ×100+；蓝色连接销 ×35+；蓝色轴销转换器 ×10+；双连接销 ×4；直角销 ×4；2号轴连接器 ×2。

2.搭建步骤及难点解析

➡ 步骤1：在11单位梁上搭建两个小带大的齿轮组。

注意：一组是8齿带40齿，一组是12齿带36齿。

难点：这个任务主要是让仿生机器人的腿变成一字形，然后通过电机的力量把上方的主机和其他固定的零件抬起，但是普通电机的力量是难以完成这个任务的。本作品通过齿轮的减速运动让电机抬起主机及其固定零件。同时，把齿轮组做成了最小的尺寸，通过电机—8齿齿轮—40齿齿轮—连接器—12齿齿轮—36齿齿轮，让齿轮在完成减速运动后能回到电机原来的位置，同时又能大幅增加齿轮的力量，从而使普通的电机能抬起沉重主机和其他零件，体积只比普通的电机大了一点。

➡ 步骤2：用一个2号的轴连接器连接另一组齿轮组形成一个能进行减速运动、增大力量的大齿轮组。

注意：8齿齿轮方向是电机输出端，36齿齿轮方向是输出端。

难点：尽量压缩齿轮组的体积。

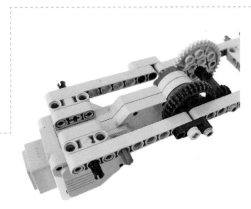

➡ 步骤3：用这个齿轮组的输出端连接电机。

注意：36齿的齿轮不能连接电机。

➡ 步骤 4：搭建两个同样的电机加齿轮组。

注意：复制不要出错。

➡ 步骤 5：用方形框架和梁搭建如下图所示的两个结构，保证齿轮组内的齿轮在劈叉时不受干扰。

注意：这个结构不能影响到齿轮。

难点：要考虑两条腿的受力范围和受力是否平均。

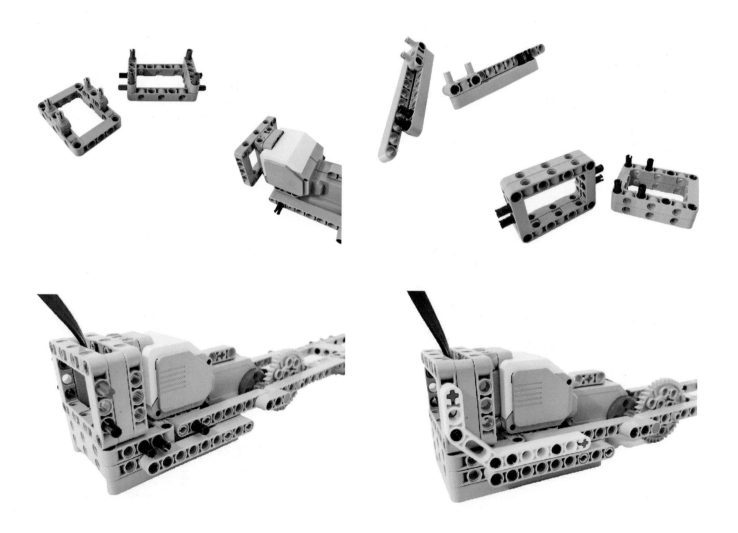

➔ 步骤6：在两个齿轮组的上方搭建两个方形
框架。

➔ 步骤7：把两条腿通过方形框架连接到主机侧方
的孔上。

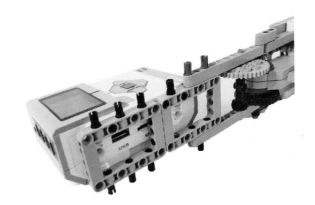

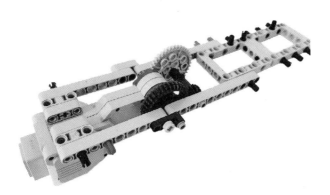

注意：两个方形框架要连接在5单位梁的一边。

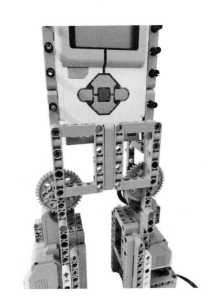

➲ **步骤 8**：用两个雪橇梁连接方形框架和主机上方的连接孔上。

➲ **步骤 9**：用 3×5 直角梁和 9 单位梁连接方形框架和主机下方的孔上。

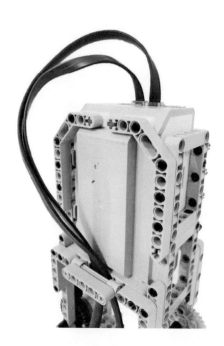

➡️ **步骤10**：连接导线。

➡️ **步骤11**：连接方形梁和主机的9单位梁，中间的空隙用5单位梁压住。

➡️ **步骤12**：通过2×4的直角梁和蓝销连接超声波传感器的两侧。

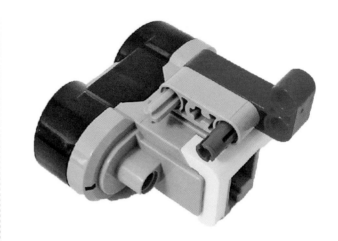

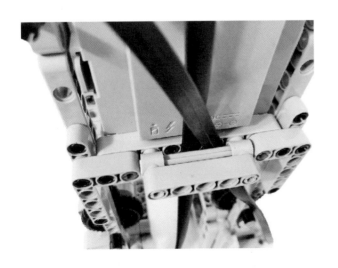

➡️ 步骤 13：用直角销连接 3×5 的直角梁和 2×4 的直角梁的两侧。

➡️ 步骤 14：把这个"头"连接到直角销上。

➡️ 步骤 15：把这个"头"装到机器人上。

➡️ 步骤 16：用 15 单位梁固定这个"头"。

参考程序

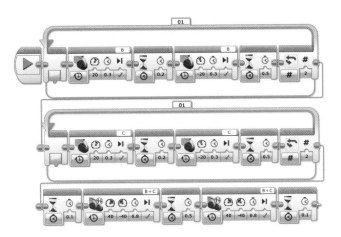

真正高明的人，就
是能够借助别人的智
慧，来使自己不受蒙蔽
的人。

——苏格拉底

创造者的话

在生活中，我们能看到很多跳街舞的人劈叉，也能看到很多机器人完成劈叉动作。本作品通过自我构思，独立搭建设计出了一个劈叉机器人。这个机器人上的每个电机都用了两组齿轮传动，一组是8齿带40齿，另一组是12齿带36齿。这两个齿轮组能大幅增加机器人电机输出的力量，同时其体积也只有一组普通齿轮组那么大。通过一个梁上的小齿轮带大齿轮，再连接到另一个梁上，最后通过小齿轮带大齿轮连接到电机输出的位置，但并不连接电机，而是连接到电机上作为输出端。这样设计既让电机有足够大力量来抬起机器人，还保持了小体积。

扫码观看演示视频

任务 ④ 抬花轿

创造者：孙照雨

轿子是中国古老的传统交通工具。利用一个中型电机带动前后两个"小人"行走，并实现交替行走，把中型电机设计成轿子里的"人"，使用斜齿轮通过垂直转向来带动前后两"小人"前进。

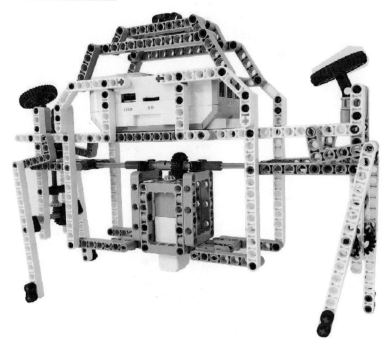

1. 所需主要零件

（1）电子组件 💡

EV3核心程序块×1；EV3小型电机×1；导线×1。

（2）结构组件 💡

5×7方形框架×4（可替换）；15单位梁×16（部分可替换）；13单位梁×4；9单位梁×4；7单位梁×6；5单位梁×6；3单位梁×4；2单位梁×4；直角弯梁×12；双135°梁×4。

（3）机械组件 💡

36齿齿轮×2（可替换）；20齿齿轮×5（部分可替换）；12平面斜齿轮×5（部分可替换）；9单位轴×3；7单位轴×2；8单位丁字轴×2；4单位轴×2；2单位轴×3。

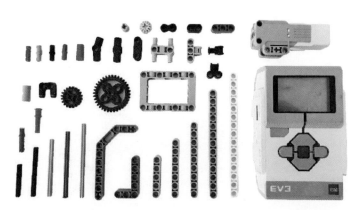

（4）互锁组件

黑色连接销 ×100+；蓝色连接销 ×14+；双连接销 ×4；蓝色轴销 ×34+；全轴套 ×9+；红色长销 ×4；灰色光滑销 ×12；三销联轴器 ×4；双销联轴器 ×2；2单位连接器 ×6；3单位连接器 ×2；轴连接器 ×4；2单位橡胶连接器 ×2；十字交叉连接器 ×4；销连接器 ×1。

2.搭建步骤及难点解析

1）搭建步骤

（1）搭建轿子中的"小人"

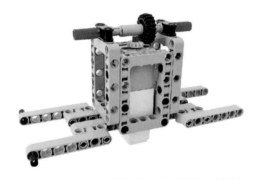

图中用到的轴为9单位轴，红色的为2单位轴

先在中型电机上安装方形框架。

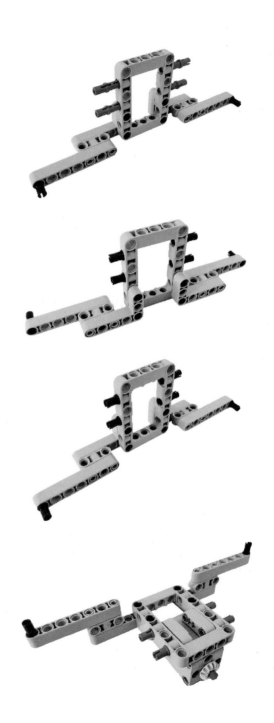

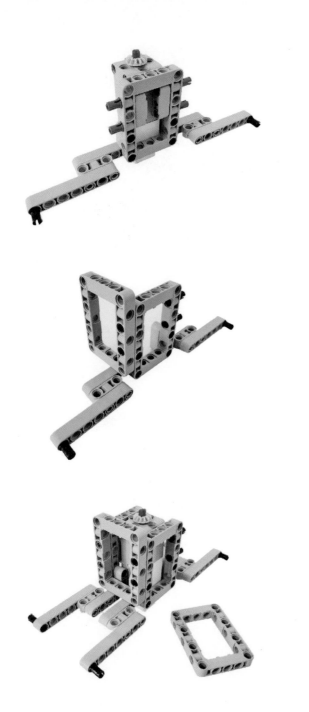

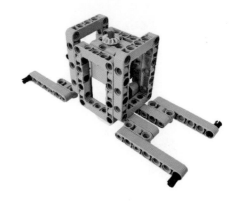

（2）搭建轿子两边"小人"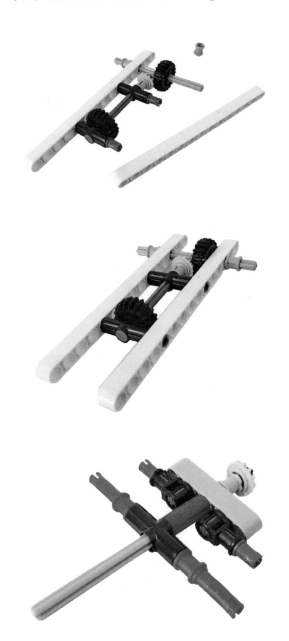

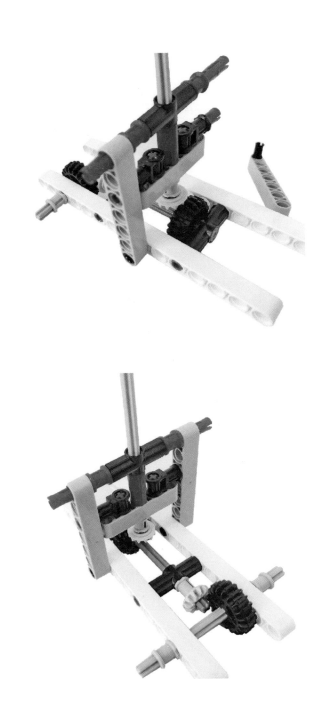

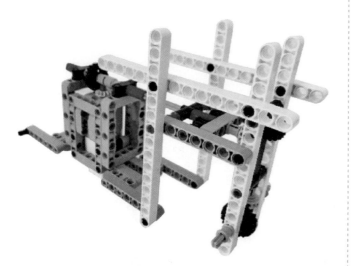

轿子前方"小人"搭建完成。

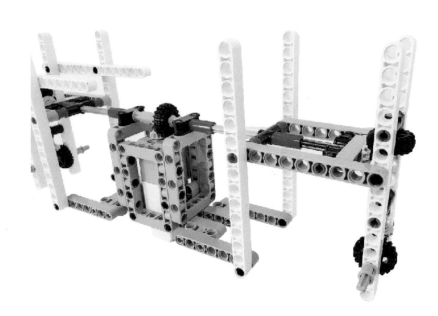

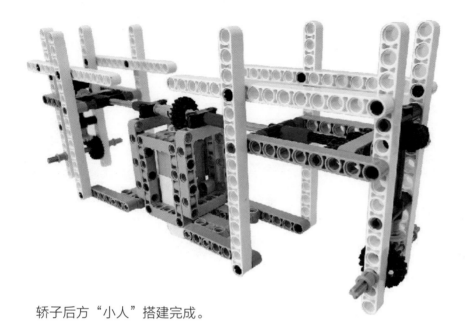

轿子后方"小人"搭建完成。

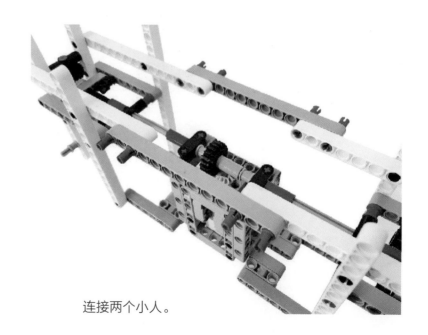

连接两个小人。

（3）安装"小人"的腿部结构 💡

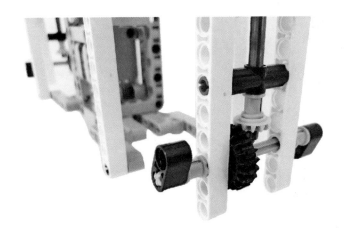

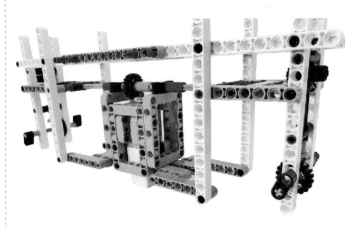

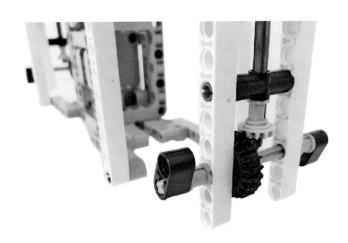

注意：轴两边的连接器方向是相反的。

需要准备4条腿部结构。

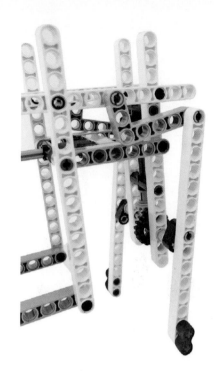

腿部安装橡胶连接
器是为了加大摩擦力，
更方便前行。

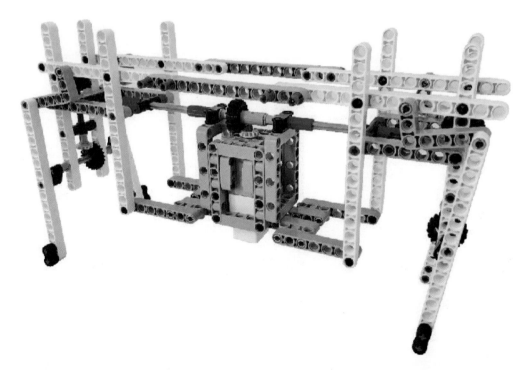

（4）设计轿子顶端部位 💡

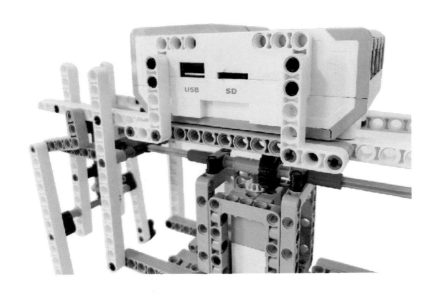

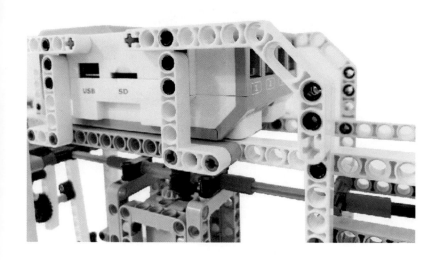

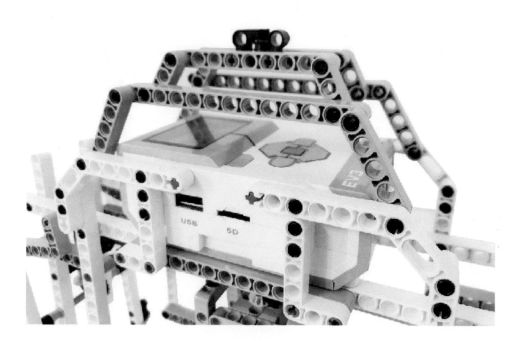

（5）设计"小人"头部 💡

头部所需零件也可以利用其他零件来设计。

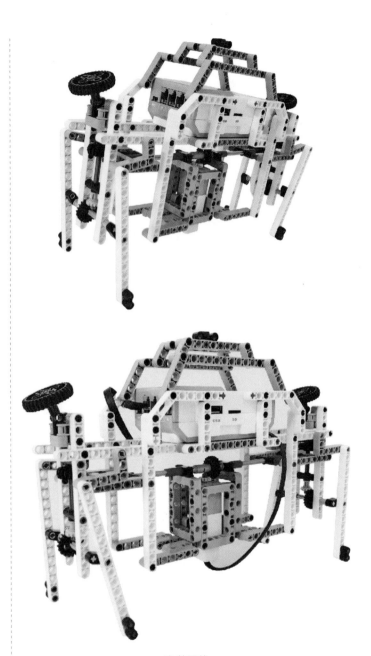

安装导线

难点解析

①如何利用一个电机带动多个动作？

利用一个小电机就可以做到两"小人"抬轿子吗？这个问题说出来大家可能会觉得不可思议，但是它真的可以做到，我们用过小电机都知道，它只有一个动力输出点，那我们把这一个动力输出改变成多个呢？利用垂直转向结构可以做到这一点，再通过轴连接器把电机的动力输出到前后两个"小人"身上，这样就可以做到一个电机带动多个动作了。

② 如何实现交替行走？

我们知道行走时两条腿是前后交替的，那我们利用曲柄摇杆结构来设计腿部动作，并把前后两个"小人"的腿部设计成同步，这样就可以做到前后交替行走。

2）参考程序

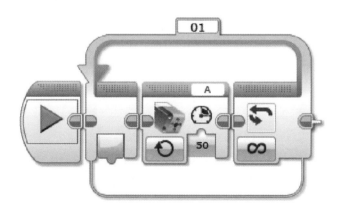

 **创造者的话**

本作品为机械式抬轿子，设计出了人行走时的步伐，一前一后俩"小人"抬着轿子前进，轿子部位利用控制器当作轿顶，中型电机当作轿子中的"人"，并带动前后的"小人"行走，这样能让前后两"人"行走时同步，通过斜齿轮的使用，搭建出更形象的抬轿子动作。

我曾经利用两个大型电机设计过抬轿子动作，但是我把这个方案否定了，首先两个电机设计会显得小人有点笨重，其次，腿部动作也不是很明显，从而有了只使用一个电机的想法。

任务 ⑤   高空索道

创造者：陈子安（美国北卡州教堂山市 Guy B.Philips 中学）

此作品通过绳索的不断拉动，使小人在绳索上前进。两个大型电机上有一个线轴，在两个大型电机转动的同时，绳索不断拉紧和释放，使小人在绳索上不断前进。

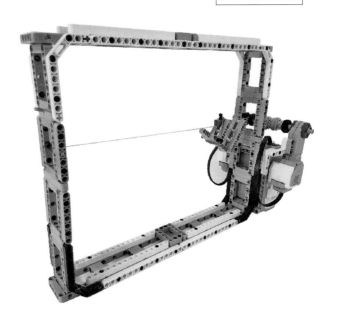

1.所需主要零件

（1）电子组件 💡

EV3核心程序块 ×1；大型电机 ×2（可替换）；导线 ×2。

（2）结构组件 💡

5×7方形框架 ×20（可替换）；15单位梁 ×20（部分可替换）；13单位梁 ×2；9单位梁 ×2；7单位梁 ×12；5单位梁 ×4；3×5直角梁 ×10；双135°梁 ×8。

（3）机械组件 💡

20齿齿轮 ×2（可替换）；7单位轴 ×2；3单位轴 ×5；2单位轴 ×2。

（4）互锁组件 💡

黑色连接销 ×120+（可替换）；蓝色连接销 ×12+（可替换）；蓝色轴销转换器 ×8；黄色3单位销连接 ×6+；双连接销 ×8（可替换）；2单位轴连接器 ×2；3单位180°轴连接器 ×3；深空灰3单位交叉块 ×3。

（5）附加任务道具 🔅

半径0.75mm，长约500mm线段 ×1；乐高标准黄色皮筋 ×2。

2.搭建步骤及难点解析

1）搭建步骤

（1）索道支撑架构（长边）🔅

➡️ 步骤1：先连接6个5×7方形框架，搭建长边主体。

➡️ 步骤2：再将4个15单位梁安装在6个5×7方形框架侧面，以固定方形框架，使框架不容易折断。

➡️ 步骤3：其次将4个15单位梁固定在6个5×7单位框架上，以固定框架主体，使主体更加牢固。

➡ **步骤4**：最后将2个3×5直角梁固定在中间。

➡ **步骤5**：重复步骤1～4，搭建第二个长边。

（2）索道支撑架构（宽边）💡

➡ **步骤6**：将6个长销分别安装在2个5单位梁和1个7单位梁上，作为4个5×7方形框架的连接器。

➡ **步骤7**：如下图连接4个5×7方形框架，搭建宽边主体。

➡ **步骤8**：在中间2个5×7方形框架侧面安装4个7单位梁，使作品更加美观，并用来保护方形框架以及3单位180°轴连接器。

⊙步骤9：在第3个5×7方形框架中间安装3单位180°轴连接器，并用3单位轴固定。

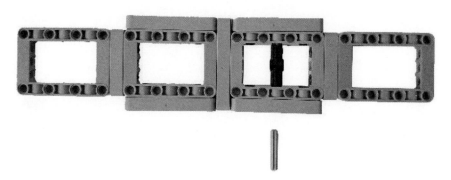

注意：你还能想出其他的固定方法吗？

⊙步骤10：重复步骤1～4，搭建第二个宽边。

（3）长边和宽边的拼接 💡

附加步骤：将长边和宽边如图摆放，再在正面与反面四角各安装双45°梁，完成长方形框架。

完整的索道支撑架构如上图所示。

（4）搭建程序块、电机以及线轴 💡

◯➡ **步骤 11**：将核心程序块倒置，将4个双连接销安置在程序块后面的4个1×3插口上，使固定架可以连接在上面。

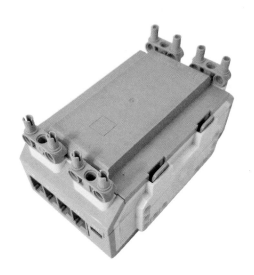

◯➡ **步骤 12**：将4个黑色连接销安置在2个13单位梁的首单位与末单位上，连接2个9单位梁。

◯➡ **步骤 13**：将上一步安装的长方形安装在EV3核心程序块上。

◯➡ **步骤 14**：安装线轴，3单位180°轴连接器中间的圆孔是为了线段可以穿过并固定。

注意：齿轮齿数大于20即可用于固定线段，并非用于传动。

步骤 15：在程序块侧面安装 2 个双连接销。

步骤 16：安装 2 个 3×5 直角梁，用黑色连接销连接，做 2 个互锁装置。

步骤 17：将两个互锁装置连接在索道支撑架构上。

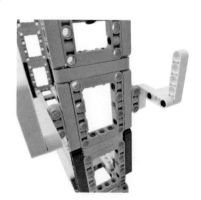

步骤 18：将核心程序块与索道支撑架构连接。

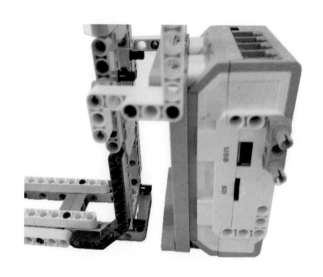

➡️ **步骤19**：安装1个大型电机，并将线轴穿过大型电机，再在轴的突出单位安装轴套。

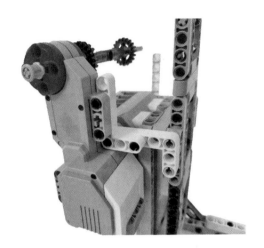

➡️ **步骤20**：将最后一个大型电机安装在程序块上，并在轴的突出单位安装轴套。

附加步骤：连接导线至B、D端口，并将线段穿过3单位180°轴连接器，在另一端固定。

注意：线段请不要系紧，在第25步时需要解开。

（5）小人 💡

➡️ **步骤21**：装好小人的一侧，安装黄色3单位连接销以及蓝色3单位连接销。

步骤22：如图捆绑乐高标准黄色皮筋。

步骤23：安装小人的摩擦力增加器。

注意：在释放线段时，由黑色连接销卡住线段，小人腿部进行收缩，从而达到移动的效果。

步骤24：如图安装小人的另一侧。

步骤25：捆绑皮筋，以及将小人穿过线段。

注意：如图捆绑线段，可以使线段直接拉伸腿部。

 难点解析

小人为什么会移动？

本作品充分利用摩擦力使小人移动。小人手部的黑色连接销增加了手部的摩擦力，在线段拉动的同时，小人手部的皮筋松开，使小人手部与脚部的摩擦力相等。在释放时小人手部皮筋绷紧，使小人手部的摩擦力比腿部的大，由于身上的皮筋向前收缩，所以只有腿部会向前移动，从而使小人向前移动。

运行效果

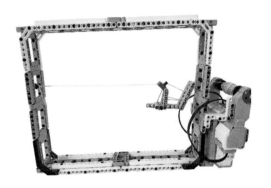

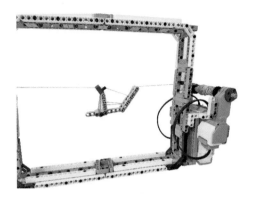

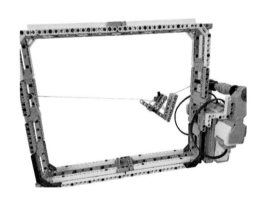

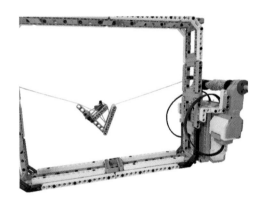

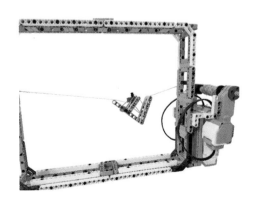

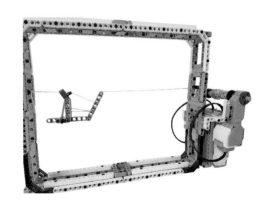

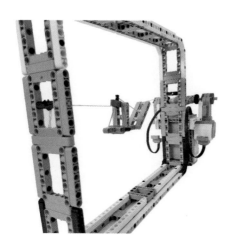

参考程序

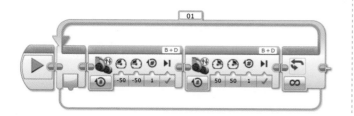

创造者的话

机械小人是整个作品的核心，是整个作品中最难搭建的。小人前后的摩擦力必须把握好，小人手部的摩擦力如果太大，会使小人的手部不移动，如果太小，也只能在原地进行拉伸。在设计机器人时，巧妙地利用自己的经验、知识及能力，还有不懈地尝试，就能找到解决的办法。

任务 ⑥ 仿生机械鸟

创造者：沈益好（北京市第22中学）

仿生学是通过观察、研究和模拟自然界生物各种各样的特殊本领，做出新的设计思想和系统架构的技术科学。虽然仿生学成为一门独立的学科距今只不过短短数十年，但人类的仿生现象却有着上万年的历史。自古以来，人类就在仿效生物形形色色的奇异功能和本领的过程中，丰富和发展着自己。

本作品向大家展示的是一只仿生机械鸟，它是利用机械原理来实现鸟翅膀的挥动的。

1. 所需主要零件

（1）电子组件

EV3核心程序块×1；大型电机×1（可替换）；导线×1。

（2）结构组件

5×7方形框架×11（可替换）；15单位梁×19（部分可替换）；11单位梁×3；9单位梁×4；7单位梁×6；5单位梁×6；3×5直角梁×15；2×4直角梁×2；双135°梁×8；2单位梁×2；3单位梁×4；白斜梁×2。

（3）机械组件

24齿齿轮×6（可替换）；10单位轴×2；9单位轴×7；5单位轴×2；3单位轴×18+；2单位轴×8。

（4）互锁组件 ☀

黑色连接销 ×80+（可替换）；蓝色连接销 ×30+（可替换）；蓝色轴销转换器 ×7；黄色3单位销 ×22+；白色双连接销 ×13+（可替换）；3单位2号轴连接器 ×2；L形销 ×8；单连接销 ×2；全轴套 ×2；3单位1号轴连接器 ×8；3单位3号轴连接器 ×8；3单位5号轴连接器 ×4；3单位三角连接器 ×2；黑色双连接销 ×1；灰色连接销 ×4；黄色轴销转换器 ×2；红色轴销转换器 ×2；销连接器 ×4；黑色连杆 ×2。

本作品零件较多，装饰零件就不提及了。

2. 搭建步骤及难点解析

1）搭建步骤

（1）底座部分 ☀

➡ **步骤1**：将5个15单位梁用黑色销连接起来。

注意：结构不对称。

➡ **步骤2**：拿出主机（EV3核心程序块），在上面安上L形销和白双销。

注意：两边一样。

➡ **步骤3**：拿出两个15单位梁，两头都装上黑色销，两梁的其中一头安上单连接销。将这两部分安到主机上。

注意：两边一样。

➡ 步骤 4：拿出 3 个方形框架，用黑色销连接。

　　注意：两边不一样，其中一边没销。

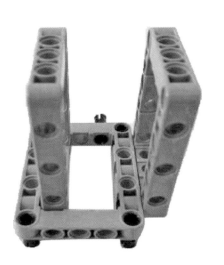

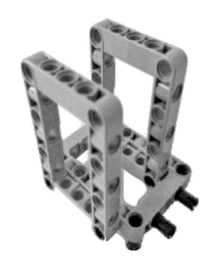

➡ 步骤5：将这部分安在主机上。

　　注意：结构不对称，有一个连接点。

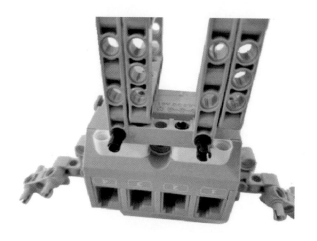

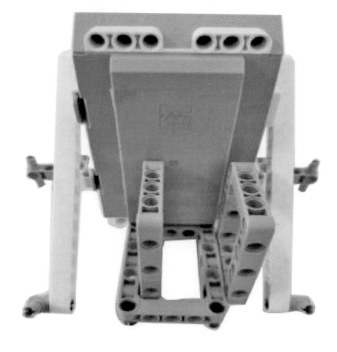

→ 步骤6：组装起来的这部分安在底座上。

　　注意：结构不对称，有3个连接点。

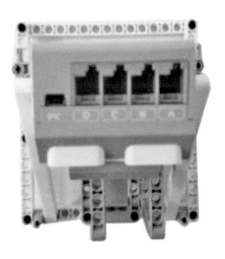

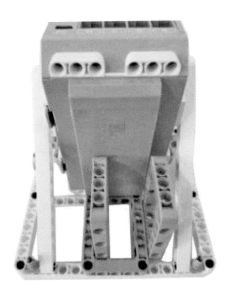

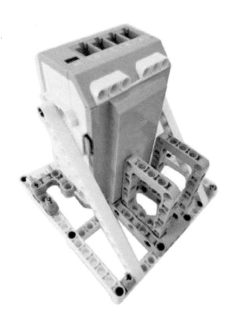

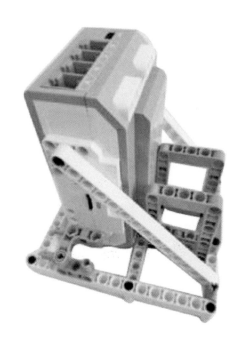

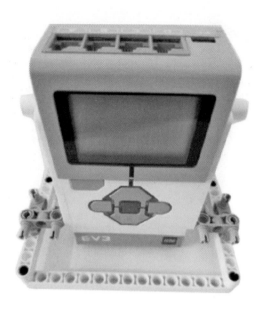

➡️ **步骤 7**：拿出两个 9 单位梁，用黑色销把 7 单位梁固定在上面，此处注意，结构不对称。

➡️ **步骤 8**：继续拿出两个 15 单位梁，在两头装上蓝色长销，安在 9 单位梁上，注意对称。

➡ **步骤9**：拿出6个方形框架，用黑色销连接起来，
将它们安在梁上，

注意：对称。

➡ **步骤10**：拿出4个蓝色长销、2个L形销、2个
白双销、1个黑色销，把它们组合成两个部件。

注意：两个不一样，其中一个有黑色销。

步骤 11：将这两个部件安装到方形框架上。

注意：两个不一样，分清左右。

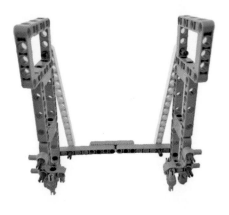

步骤 12：拿出2个5单位梁，用黑色销把它们安在方形框架上。

注意：安在顶端。

→ **步骤 13**：拿出 2 个雪橇梁、8 个黑色销、2 个蓝色长销，把它们分别组装起来，安在方形框架上。

注意：此处结构不对称。

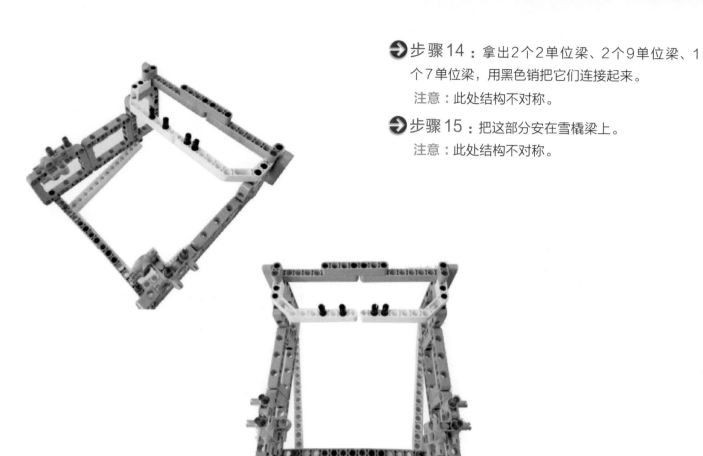

➡️ **步骤14**：拿出2个2单位梁、2个9单位梁、1个7单位梁，用黑色销把它们连接起来。

注意：此处结构不对称。

➡️ **步骤15**：把这部分安在雪橇梁上。

注意：此处结构不对称。

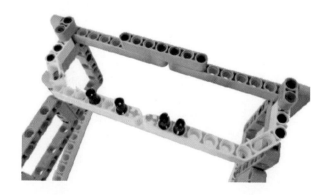

➜ 步骤 16：把这个整体安在主机上。

　　注意：此处结构不对称，有 3 个连接点。

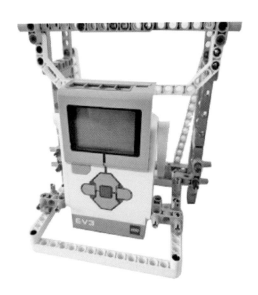

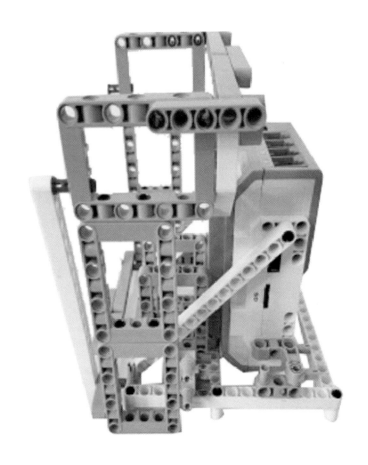

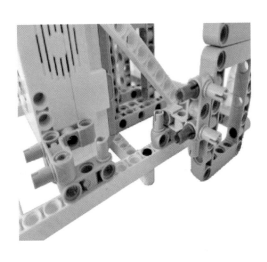

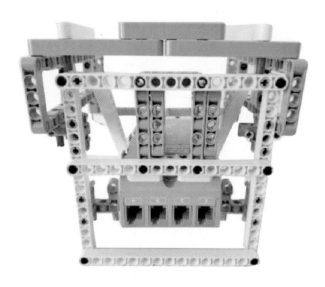

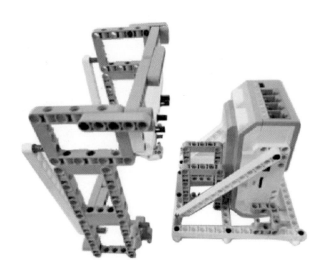

（2）驱动部分 💡

➡️ 步骤 17：拿出一个电机，上面安上黑色销。

步骤 18：拿出一个 11 单位梁，用轴和黄色轴销转换器，在上面安上齿轮。然后在梁上，继续安装黑色销和大直角梁。

注意：齿轮和梁的连接点各不相同。

➡ **步骤 19**：将这部分安装在电机上。

注意：安装时记得加轴套。

（3）身体装饰部分 ☀

➡ 步骤 **20**：拿出一个方形框架，在上面安装蓝色长销和销连接器。

　注意：蓝色长销和销连接器连接处。

➡ 步骤 **21**：拿出两个 11 单位梁、一个 7 单位梁、两个 L 形销、两个大直角梁、一个黑双销，把它们用黑色销连接起来。

　注意：此处结构不对称。

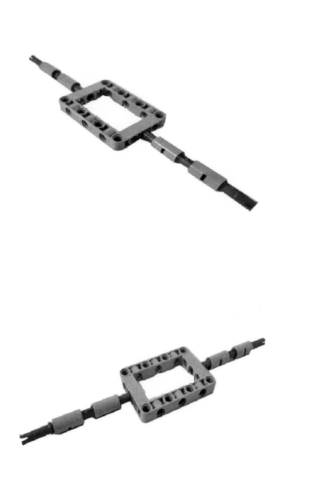

➡ **步骤 22**：拿出一个方形框架、一个白双销、一个 7 单位梁，把它们用黑色销连接起来。

注意：白双销和黑色销连接。

➡ **步骤 23**：拿出两个 5 单位梁、5 个大直角梁、5 个雪橇梁、2 个白斜梁，把它们用轴、黑色销、蓝色长销连接起来，最终成形如图。

注意：可随意连，也可以参考图片，但一定要牢固、对称。

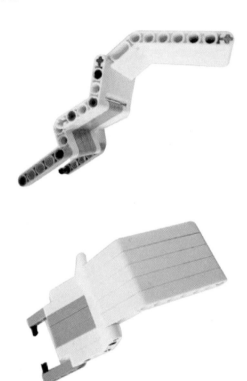

→ **步骤24**：拿出一个雪橇梁、两个大直角梁，用蓝色长销将它们连接起来，雪橇梁的长边一头安上3单位轴。

注意：大直角梁和雪橇梁连接点。

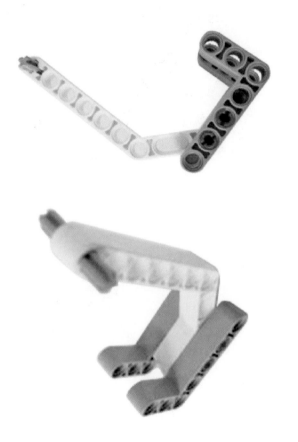

→ **步骤25**：搭一个鸟头，图只是示范，可以自己任意搭。

注意：形象越逼真越好，连接点只有蓝色轴销转换器。

→ 步骤26：把这几个部分连接起来。

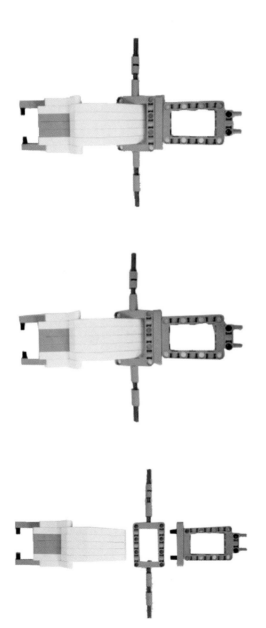

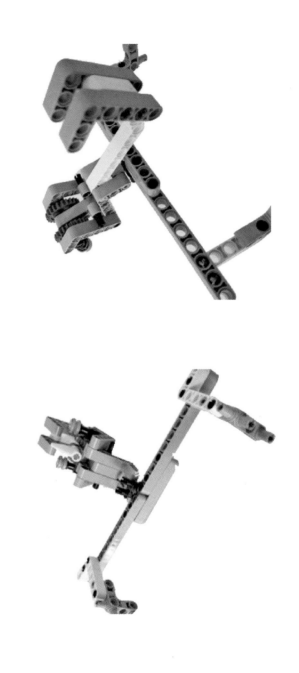

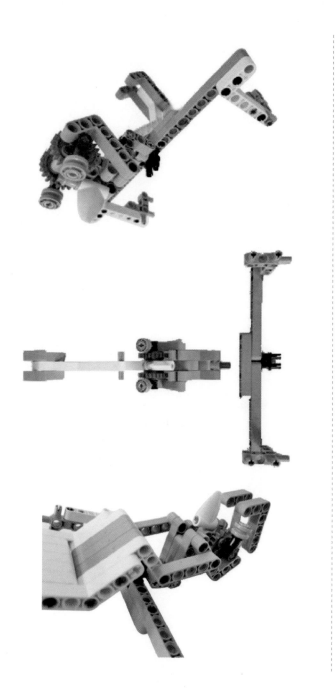

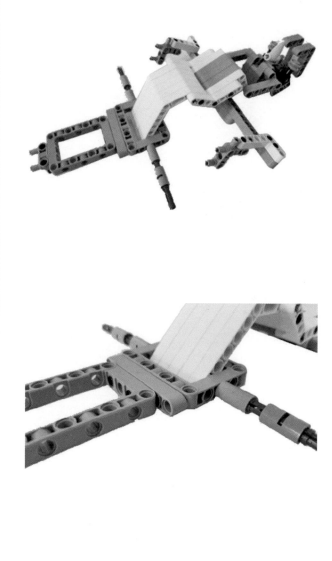

（4）脚爪部分 💡

→ 步骤27：拿出几个轴连接器，用轴和红色轴销
转换器连接。

→ 步骤28：将这两部分连接起来。

→ 步骤29：再做出一个同步骤28相同结构的
部件。

（5）翅膀部分 💡

➲步骤30：拿出3个15单位梁、两个5单位梁，用肉色长销和灰色销连接起来，然后在上面安上一个黑色连杆，此处结构不对称。

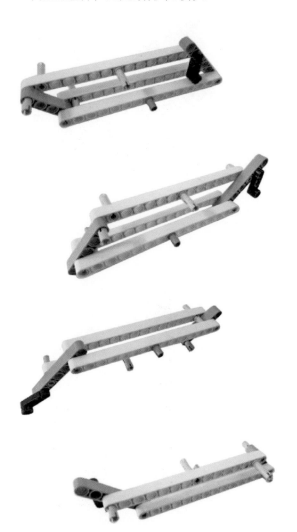

➲步骤31：拿出一个装饰零件、一个L形销、两个白双销，把它们连接到一起。

➲步骤32：把这部分连接到15单位梁上，注意安装位置。

➡ **步骤33**：拿出3个轴连接器、一个肉色长销、一个3单位梁、一个3单位轴、一个9单位轴，把它们连接到一起。

➡ **步骤34**：把这部分连接到15单位梁上。

➡ **步骤35**：拿出两个15单位梁、一个小直角梁、一个白双销，用黑色销和蓝色长销连接起来。

➡ **步骤36**：拿出两个装饰零件、一个白双销，用黑色销连接起来。

➡️ **步骤 37**：把这部分连接到 15 单位梁上。

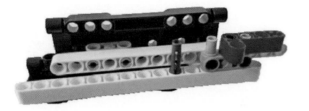

➡️ **步骤 38**：拿出一个装饰零件、两个轴连接器，用蓝轴销转换器和肉色长销连接起来。

➡ **步骤39**：把这部分连接到上一个装饰部分上。

➡ **步骤40**：拿出3个轴连接器、两个9单位轴，把它们连接起来，然后在上面安上黑色销和肉色长销。

注意：连接点方向。

➡ **步骤41**：把这部分安在第一个15单位梁上。

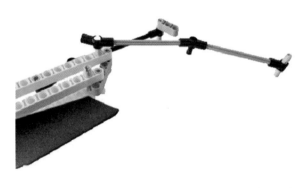

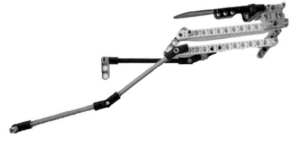

→步骤42：把这两个部分连接起来，注意，此处
有3个连接头。

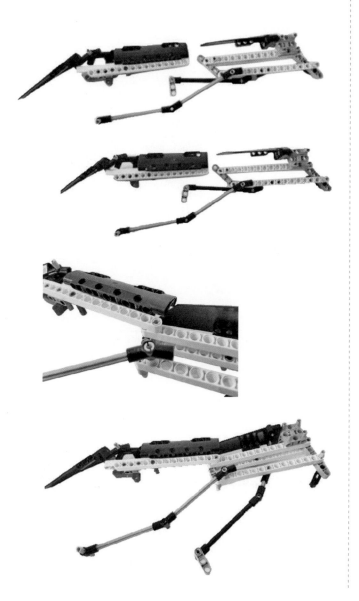

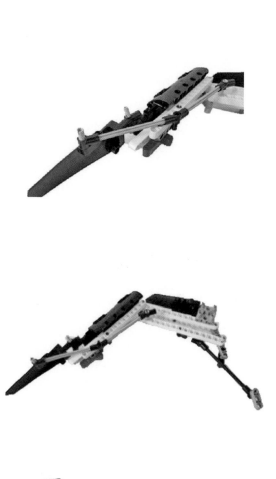

步骤43：仿照这个翅膀，再搭建一个翅膀，和这个翅膀对称。

注意：两个翅膀沿 x 轴对称。

（6）部分连接 💡

步骤44：将两个翅膀部分和脚爪部分相连。

注意：连接点位置，有一个连接点，不对称。

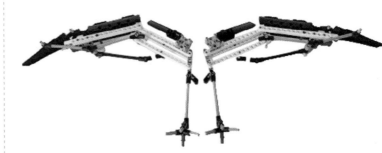

➡️ 步骤 45：将驱动部分和底座部分相连。

　　注意：有两个连接点，对称。

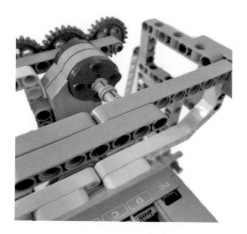

➡ **步骤46**：将这部分和身体装饰部分相连。

注意：连接点的位置，不对称。

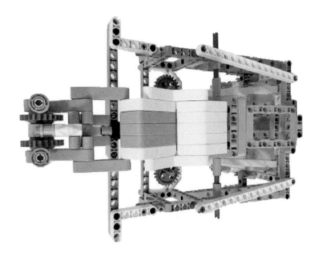

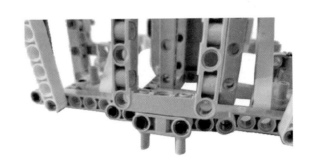

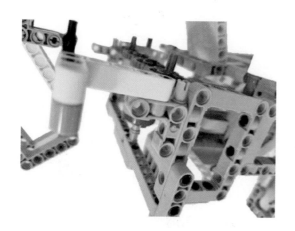

➡️ **步骤 47**：最后连上两个翅膀，这个仿生机械鸟就完成了。

注意：连接点位置，各有两个连接点。

难点解析

① 机械联动

这个仿生机械鸟的驱动装置要用一个电机带动两个翅膀，这就需要用到齿轮传动，再利用两齿间齿轮转动方向相反的原理，做出驱动左右两个翅膀的齿轮，用这两个齿轮来让翅膀产生对称的力，从而使两个翅膀对称的扇动。

② 翅膀结构

鸟翅膀的结构比较复杂，一个翅膀要有3处可以活动，这就要用到连杆结构，当翅膀的其中一节摆动时，另外两节会随着连杆的拽动而摆动，而且要不断调整，不断尝试，才能更好地做出模仿鸟飞翔的翅膀。

③ 外形设计

鸟外形的设计相对难一些，每一方面都要做的更像，鸟要考虑多方面形态，如：鸟头、鸟的翅膀、鸟的身体、鸟的脚……这些都要通过仔细观察鸟，仔细研究鸟，并对应找到适合的零件，不断尝试，不断创新，才能做出更好的仿生机械鸟。

2）参考程序

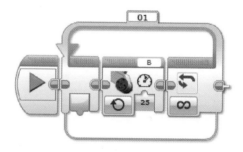

创造者的话

　　瑰丽的大自然常常能给人们带来许许多多的奇思妙想，鸟儿们翱翔过天际的矫健身姿就是这个任务的灵感来源。通过这种模拟真实鸟儿飞翔的样子，向人们展示鸟儿是怎样自由飞翔的。

任务 ⑦ 螃蟹机器人

创造者：常博雯（首都师范大学附属中学）

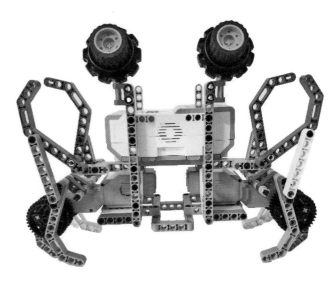

　　仿生科技在生活中的应用越来越广泛，如蛇形、犬形的机器人。对于乐高玩家来说，制作一个仿生机器人既能够锻炼创新能力，又能够贴合实际。本任务制作螃蟹仿生机器人，要求制作出通过四对足横向平稳移动、外形是一只螃蟹形状的仿生机器人。

1.所需主要零件

（1）电子组件 💡

EV3核心程序块×1；大型电机×2；导线×2。

（2）结构组件 💡

5×7方形框架×3；15单位梁×4；7单位梁×2；3单位梁×10；3×5直角梁×10；雪橇梁×12；2×4直角梁×4。

（3）机械组件 💡

36齿厚齿轮×8；链齿轮×2；5单位轴×2；3单位轴×4；12单位轴×2。

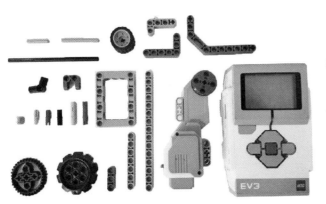

（4）互锁组件 💡

　　黑色连接销×34+；蓝色连接销×16+；蓝色轴销转换器×8；黄色3单位销×2；黄色轴销转换器×8+；105°5号轴连接器×2；双销联轴器（空心）×2；全轴套×12。

（5）附加组件 💡

　　3单位直径宽轮×2。

2.搭建步骤及难点解析

1）搭建步骤

（1）腿部

→ **步骤1**：将5单位轴插入电机两端，各留出1单位长度，将36齿厚齿轮分别安装在5单位轴两端。

注意：两齿轮上的十字插孔应为相反方向。

→ **步骤2**：将12单位轴插入电机顶部后端孔中，两端留出相等长度，分别在两端依次插入轴套、3单位梁、轴套、3单位梁、轴套。

➡ **步骤3**：将一个雪橇梁和内侧3单位梁用黄色轴
销转换器连接在一起，反方向相同。

➡ **步骤4**：将雪橇梁长端由十字插孔起第6个孔与
电机上的36齿厚齿轮两端的任意十字孔对准，插入
3单位轴。

注意：留出一个单位长度，反方向相反。

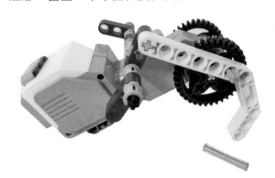

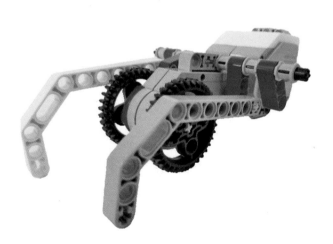

  难点解析

中间的两条腿为什么不会卡住？

　　因为4个齿轮看似是由一个轴传动，实则将
传动轴分节，因此中间没有传动轴，不会挡住腿
的运动路径。

➡ **步骤5**：将另一36齿厚齿轮与原36齿厚齿轮对齐插在3单位梁两端，反方向相同。

➡ **步骤6**：将一个雪橇梁和外侧3单位梁用黄色轴销转换器连接在一起，同时用蓝色轴销连接器将雪橇梁长端由十字插孔起第6个孔连接在36齿厚齿轮另一端的十字插孔上，反方向相同。

➡ **步骤7**：仿照上述步骤完成另一电机的连接，成品如图。

（2）躯干 💡

➡ **步骤8**：用蓝色连接销在每个电机底部安装1个5×7方形框架。

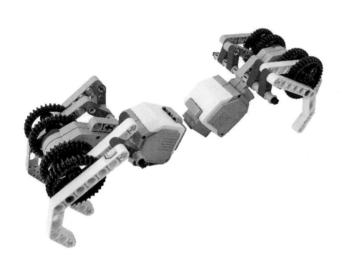

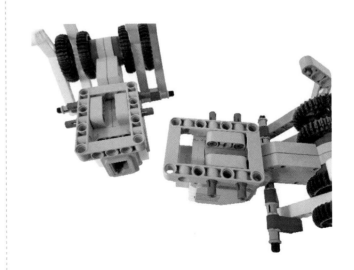

  难点解析

机器人如何运动？如何保证运动的平稳？

由电机带动齿轮转动，通过曲柄结构使雪橇梁运动。因为安装时两组齿轮对称，因此总有4条腿同时着地，因此运动平稳。

➡️ **步骤9**：在两侧分别安装1个3×5直角梁。

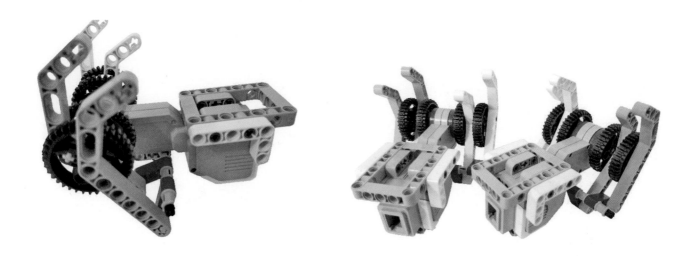

➡️ **步骤10**：在两侧3×5直角梁长端端点分别安装1个黑色连接销，拐点安装蓝色连接销，再分别安装1个3×5直角梁。

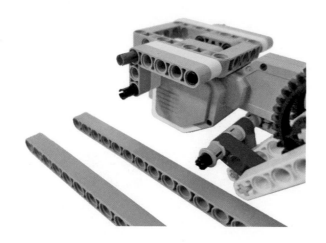

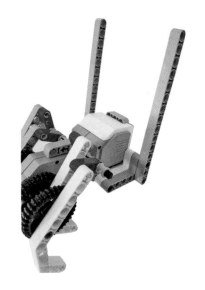

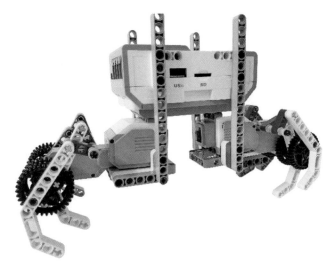

→ 步骤 11：分别在新安装的3×5直角梁短端端点安装1个黑色连接销，顶端对齐，安装4个15单位梁。

→ 步骤 12：将EV3核心程序块用黑色连接销分别接在15单位梁上部，注意留出3个单位空隙。

⊙ 步骤 13：用 5×7 方形框架和黑色连接销将两个
　　　　　电机上的 5×7 方形框架连接在一起。

（3）装饰 💡

⊙ 步骤 14：在一侧两 15 单位梁上端用黑色连接销
　　　　　分别安装 1 个双销联轴器。

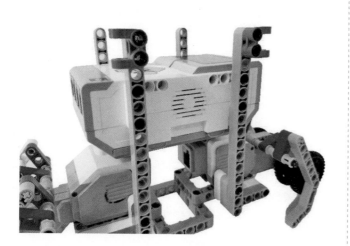

⊙ 步骤 15：插入双销联轴器、3 单位轴，上端插
　　　　　入 105°轴连接器。

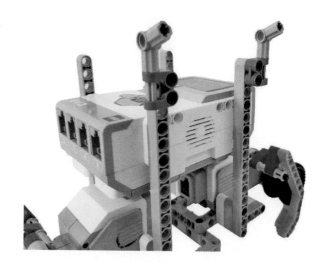

➔ 步骤 16：插入双轴联销器、3 单位轴，上端依
　　次插入链齿轮、3 单位直径宽轮。

➔ 步骤 17：将两个 3×5 直角梁用黑销连接在 15
　　单位梁内侧。

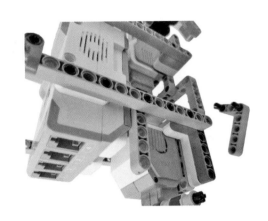

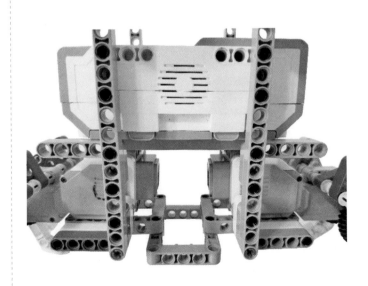

➡ **步骤 18**：在 3×5 直角梁长端用蓝色轴销转换器连接一个 2×4 直角梁。

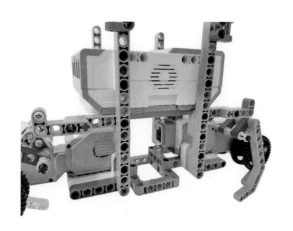

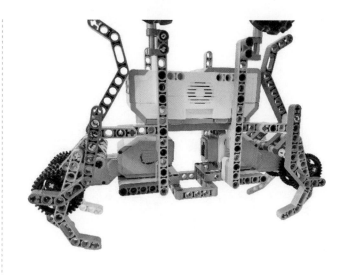

➡ **步骤 20**：再用 2×4 直角梁和一个蓝色连接销、一个蓝色轴销转换器将内侧雪橇梁与原 2×4 直角梁互锁。

➡ **步骤 19**：分别将两对雪橇梁用 3 单位黄色销连接在 2×4 直角梁短端。

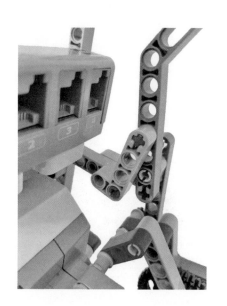

→ **步骤21**：分别将两个3单位梁用蓝色连接销和黑色连接销固定在腿部雪橇梁外侧由十字插孔起第2个孔和第3个孔上。

→ **步骤22**：再用7单位梁和1个黑色连接销将腿部雪橇梁与上方外侧雪橇梁连接起来。

难点解析

钳子如何开合？

由电机带动齿轮转动，通过曲柄结构使雪橇梁运动，同时通过连杆结构使蟹钳绕黄色连接销运动。

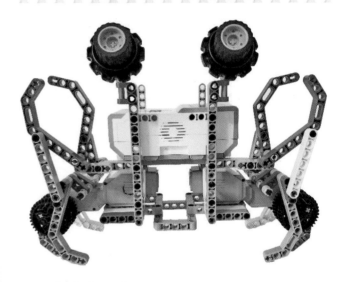

2）参考程序

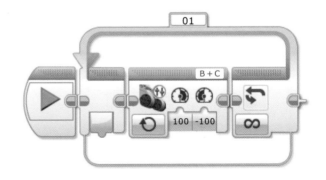

创造者的话

　　生活中我们都吃过螃蟹，也见过螃蟹横向行走的样子，奇妙有趣，于是我突发奇想，希望通过乐高机器人来模仿螃蟹的行动。依靠电机提供动力，一个电机带动四条腿，不用轮子，让机器螃蟹在地面上平稳地行走，同时还要让螃蟹的两只钳子也动起来，这很难实现，我们在腿部应用曲柄，在手部应用连杆等结构，成功模仿出了螃蟹的横向行走。

　　既然像螃蟹这样的东西，人们都很爱吃，那么蜘蛛也一定有人吃过，只不过后来知道不好吃才不吃了，但是第一个吃螃蟹的人一定是个勇士。

——鲁迅

任务 8 乐高仿生兽

创造者：陈峻清（北京大学附属中学）

荷兰动感雕塑艺术家泰奥·扬森经过多年对动物行走方式的研究，结合环保理念，用PVC管、废弃塑料瓶等材料，搭建了一个可以在海滩上自主行走的"风力仿生兽"。

"仿生腿"是风力仿生兽的核心结构，泰奥·扬森通过对动物步态的观察，利用计算机模拟，用一个精妙的连杆结构，完美复现了动物的行走动作。让我们用乐高EV3来实现这一伟大的创造吧！

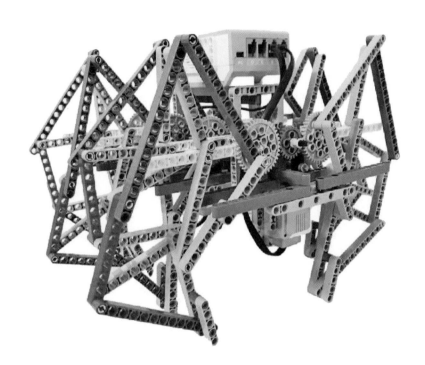

1.所需主要零件

（1）电子组件 💡

EV3核心程序块 ×1；大型电机 ×2；导线 ×2。

（2）结构组件 💡

5×11方形框架 ×6；5×7方形框架 ×6；15单位梁 ×18；13单位梁 ×17；11单位梁 ×33；9单位梁 ×32；7单位梁 ×16；5单位梁 ×8；1单位梁 ×8。

（3）机械组件 💡

40齿齿轮 ×8；24齿齿轮 ×4；10单位轴 ×2；7单位轴 ×2。

（4）互锁组件 💡

短销 ×86；长销 ×43；长滑销 ×40；蓝色摩擦轴销 ×8；带轴光销 ×8；光销 ×24；轴套 ×12；半轴套 ×4；正交双轴孔联销器 ×4。

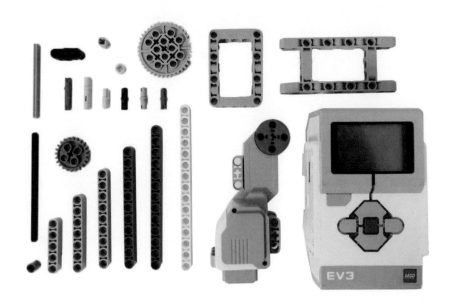

2.搭建步骤及难点解析

1）搭建步骤

（1）组件1 💡

➡ **步骤1**：在15单位梁上安装带轴光销与40齿齿轮。组件1需要搭建8个。

（2）组件2 💡

➡ **步骤2**：在11单位梁上安装滑销与长滑销，安装9单位梁与11单位梁。组件2需要搭建8个。

（3）组件3 💡

➡️ **步骤3**：在15单位梁上安装短销与长滑销，安装9单位梁与长滑销，安装13单位梁，安装5单位梁与长销与1单位梁，安装两个9单位梁。组件3需要搭建8个。

（4）组件4 💡

➡️ **步骤4**：在7单位梁相应位置安装短滑销，将其连接到13单位梁上，在相应位置安装短滑销。组件4需要搭建8个。

（5）组件5——腿1 💡

组件5由组件1、组件2、组件3、组件4组合而成，步骤如下。组件5需要搭建4个。

➡️ 步骤5：选取组件1、组件2各一个，将二者组合。

➡️ 步骤6：选取一个组件3，与步骤5中的组件组合。

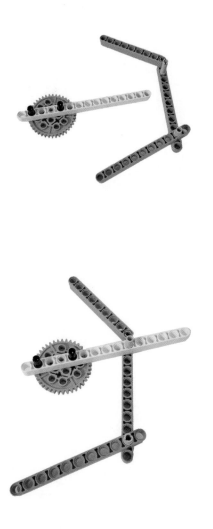

➡ 步骤7：选取一个组件4，与步骤6中的组件组合。

（6）组件6——腿2 💡

组件6由组件1、组件2、组件3、组件4组合而成，组件6与组件5是对称结构。组件6需要搭建4个。

➡ 步骤8：选取组件1、组件2各一个，将其组合在一起。

→ 步骤9：选取一个组件3，与步骤8中的组件组合。

→ 步骤10：选取一个组件4，与步骤9中的组件组合。

（7）组件7——腿部保护架 💡

→ 步骤11：在5×11方形框架上安装短销与长销，安装4个11单位梁。组件7需要搭建4个。

（8）组件8——电机驱动部件 💡

组件8是电机驱动部件，为乐高仿生兽提供行走动力，组件8需要搭建2个。

→ 步骤12：在电机相应位置安装9单位轴和轴套。

→ 步骤13：在5×7方形框架上相应位置安装短销与轴销。

→ 步骤14：将步骤13搭建的5×7方形框架安装在步骤12搭建的电机上，安装框架后用两个半轴套锁住。

➔步骤15：在5×11方形框架上相应位置安装长销，与电机按图组装，再安装12单位轴与两个全轴套。

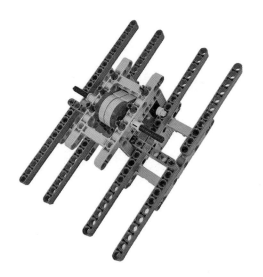

➡ **步骤16**：将2个部件7按图组装至步骤15搭建的电机上，并用一个15单位梁锁定。

（9）组件9——行走机构 ☀

组件9是一套完整的行走机构，由1个组件8、2个组件5、2个组件6组成。组件9需要搭建2个。

➡ **步骤17**：按图组装组件5、6、8。

➔步骤 18：安装 24 齿齿轮，并套上全轴套。

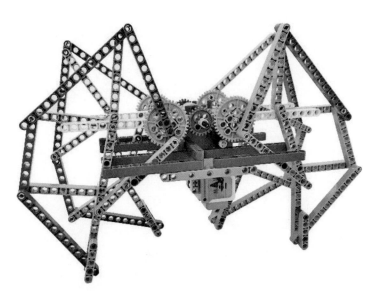

（10）组装乐高仿生兽 💡

乐高仿生兽是由两个组件9和一个乐高控制器组合而成。

🡒 步骤19：在11单位梁上相应位置安装长销。

🡒 步骤20：将步骤19组件安装在组件9的相应位置。

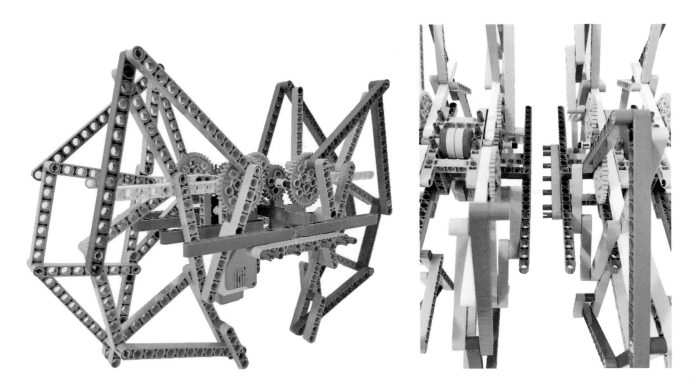

步骤21：在5×7方形框架上安装短销与13单位梁。

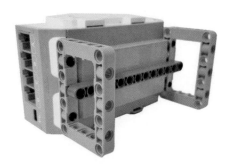

步骤22：安装程序块组件。

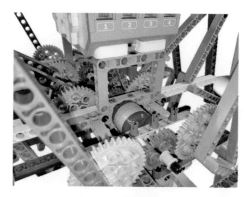

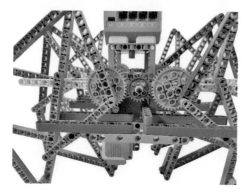

步骤23：连接导线。

注意：导线不要碰到齿轮，避免导线卷入齿轮。

难点解析

① 乐高仿生兽腿部结构设计

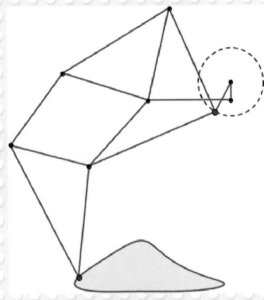

仿生兽腿部设计模型

"仿生腿"是风力仿生兽的核心结构，泰奥·扬森通过对动物步态的观察，利用计算机模拟，用一个精妙的连杆机构，将曲轴的圆周运行转化为类似动物腿部的迈进动作，完美复现了动物的行走动作。通过对仿生兽腿部设计模型的研究发现，在某个状态下，腿部结构可以近似为由3个直角三角形与一个正方形组成，3个直角三

角形中两个是等腰三角形，其中小等腰三角形的腰与正方形的边相等，其底与大等腰三角形的腰相等，另一个等腰三角形的一条直角边与正方形边长相等。有了这个发现，就可以将泰奥·扬森设计的精密仿生腿设计转化为用乐高零件可实现的结构。

在仿生腿的搭建过程中遇到的另一个难题是，原设计中一些关键节点连接了4个梁，而乐高零件最长销只能连接3个梁。所以要根据乐高零件的局限性，对模型进行调整。通过多次试验，测试了多种参数和零件组合，最终找到了适合乐高的参数组合。

② 如何为乐高仿生兽提供动力

风力仿生兽设计巧妙，它将风产生的推力通过曲轴传送到仿生腿，推动风力仿生兽前行。用乐高零件搭建曲轴存在一定的难度。设计了多个方案，要么是不能正常运转，要么是增加了结构的复杂程度。在测试了多个设计方案后，发现可以将风力仿生兽曲轴的功能转化为用1个齿轮组来实现。用一个EV3大型电机带动6个齿轮组成的齿轮组，驱动4个仿生腿的行走。

虽然用变通的方法实现了乐高仿生兽的行走，但对用乐高零件来设计曲轴的研究仍在继续。

参考程序

　**创造者的话**

　　我在无意间看到了荷兰人泰奥·扬森设计的能自主行走的"风力仿生兽"，立刻被这个奇妙"生命"吸引。在了解了它的功能后，就一直想能不能用乐高来实现它。通过对"风力仿生兽"结构，特别是仿生腿结构的进一步了解后发现，其设计十分巧妙，零件的集成度非常高，换言之用乐高通用零件很难做出来。经历多次试验失败后的我坚信："失败也是我需要的，它和成功对我一样有价值。"我在试验过程中不断积累经验。成功往往是最后一分钟来访的客人。对结构的理解以及坚持不懈的试验让我在那最后的一分钟收获成功的喜悦，于是乐高仿生兽在无数次的失败中诞生了。

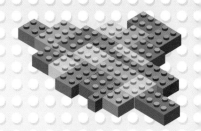

第 **4** 部分
机器人挑战任务——创造者的搭建逻辑

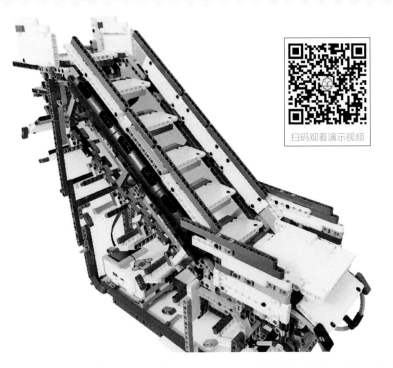

扫码观看演示视频

任务 **1** 自动扶梯

创造者：李秀实（北京一零一中学）

任务介绍

科技丰富着我们的生活，并在我们的生活中起着越来越重要的作用。在大厦里、地铁里、商场里有一种最常见的科技产品——自动扶梯。自动扶梯里面涵盖了大量机械原理，我们的任务就是模拟出自动扶梯的样子和功能。

　　自动扶梯历史十分悠久。早在十九世纪就已经有了结构简单的自动扶梯。现在，自动扶梯已经很稳定很安全了，结构也因此变得更加复杂。现在的自动扶梯包括梯级、牵引链、扶手、梯级导轨、张紧装置、驱动装置和梳齿等。我们用乐高零件基本模拟出了自动扶梯的各个部分：用1×3梁和1×3滑销模拟牵引链；用5×11面板模拟电梯梯级；用1×15梁模拟梯级导轨；用中型电机模拟驱动装置。有些遗憾的是，我们没有做出梳齿。

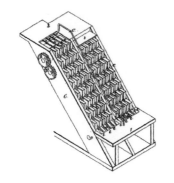
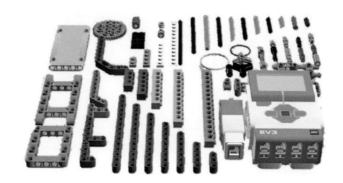

设计难点

（1）电梯框架斜度的控制 💡

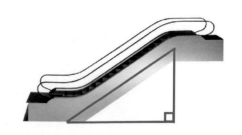

难点：自动扶梯作为一个在两个不同楼层间穿梭的工具，主体建筑需要有一定的倾斜度。这就要求搭建一个直角三角形架构使其坚固而不易松散。但如果用乐高的钝角梁做其中一个角是十分不方便控制、互锁及连接的，因为难以掌握单位长度。而如果随便用三个长度作为三角形的三条边，又会造成不稳定，因为这三个角没有一个角是可控的。

解决方案：为了保证作品的稳固、不让作品倾斜，我们使用数学中的勾股定理——直角三角形的两条直角边的平方和等于斜边的平方——来计算各条边的长度。这样既控制了 3 条边的长度，又保证其角度为 90°。

（2）水平梯级的实现 💡

难点：在自动扶梯中，梯级并未上升，而是两梯级之间保持水平的部分成为水平梯级。在自动扶梯的发展历程中，最开始是没有水平梯级的，因为实现起来还是有些困难的。我们在一开始也是如此，结果导致运行体验极差，容易卡在夹缝中。

解决方案：自动扶梯运动中两个梯级一直保持平行，梯级到牵引链的距离不变。而两个梯级之间的关系则组成了一个平行四边形——对边互相平行且相等的图形。我们可以改变该平行四边形的高，但改变不了它的边长。而改变它的高的方法就是改变它们之间的相对位置。于是我们就从这里着手模拟真实生活中电梯的形状，改变牵引链与梯级导轨的相对位置，实现了水平梯级的功能。

（3）牵引链零件的选择 💡

难点：牵引链作为自动扶梯中的重要组件，需要具备灵活、稳定、可弯曲（可以往任意面弯曲）等性能，并且可以牢固地安装梯级，不会松散。乐高本身的履带或链条只可以往一边弯曲，导致不能实现自动扶梯的部分功能，而且不能牢固安装梯级，极易散落。

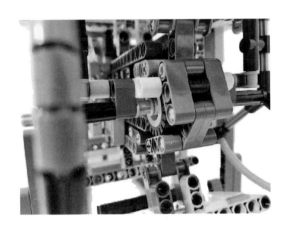 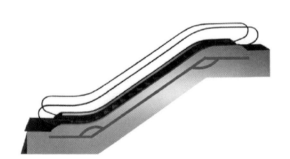

解决方案：基于这些弱点，我们放弃使用乐高履带，决心自制履带。我们选择零件的标准有3个：坚固；具有灵活性；可以在履带上安装梯级。最终，我们选择了用1×3梁和1×3滑销模拟牵引链，在其中添加3×3T形角梁。

（4）转动链轮的选择与制作 💡

难点：链轮的转动直接影响了自动扶梯的运行。转动链轮必须与牵引链相匹配，否则可能会卡顿或脱齿。我们的牵引链是用零件自制的，乐高自然也没有现成的齿轮供我们充当转动链轮使用。

解决方案：用3×120°十字轴角块加上0° 1号角块制作成6齿齿轮模拟转动链轮。这样刚好卡住牵引链且不会脱齿。

（5）梯路导轨与梯级轮 💡

难点：梯路导轨使电梯平稳上升，梯路导轨要完整、平滑、连贯。不然站在梯级上的乘客会感动颠簸、摇晃、卡顿，这会给人身安全带来危害，而且还会给电机的运动带来阻碍。但乐高零件本身就是拼接在一起的，乐高的科技梁最长就是15个乐高单位，这远远小于我们这个模型电梯的长度，所以那些本身就有的缝隙就不好避免了。

解决方案：由于无法避免梯路导轨的缝隙，所以只能从梯级轮下手了。梯级轮是一个轮子，它与梯路导轨的接触面仅为一条线，所以容易下陷。我们用1×3科技梁充当梯级轮，这样虽然摩擦力大了一些，但接触面也变大了，所以不会因为缝隙而卡住。

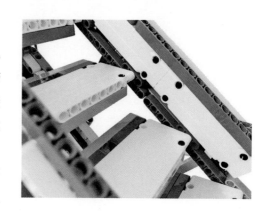

（6）自动扶梯驱动装置 💡

难点：驱动装置是自动扶梯的核心。自动扶梯的驱动装置本身是皮带式传动，但是由于乐高的皮带传动系统摩擦力比较小，没有足够的力量带动整个牵引链及牵引链上的梯级。所以我们必须另想办法，换用别的方法做这个驱动装置。

解决方案：在我们所涉及的机械结构中，我们选择了蜗轮。蜗轮传动速度比较慢，但是很稳定。因此蜗轮是不易滑齿脱齿的一种结构。我们制作的驱动装置包括一个蜗轮和齿轮，蜗轮为主动轮，齿轮是从动轮。主动轮转动给予从动轮动力，而不是反过来，因此它较安全，向上行驶的电梯不会因载重过大而逆向运动。但即便是用蜗轮传动，在结构不牢固的情况下，我们的装置还是容易脱齿。

于是我们采用了大量的互锁，在三维立体的不同方面进行互锁。我们一次次试验，直到用手动使蜗轮和齿轮分离都很不容易时，结构就十分牢固了。

设计理念

最基本的要求是实现自动扶梯的功能：承载旅客在不同楼层穿梭。为了实现这项基础功能，我们需要保证零件与零件的衔接和咬合，保证牵引链的灵活运动，减少齿轮的摩擦力，保证电机能够提供充足的牵引力。实现自动扶梯的功能就像是地基，在地基上我们搭建出美丽的建筑。

我们本着简洁感和还原度的主旨设计出这个作品。我们搭建出这个庞然大物，但是经过仔细分析，它没有一个无用零件。结构简洁却不会影响功能的实现。零件与零件之间排列紧密，却又不互相干扰。这个迷你版自动扶梯，其所有部件都与真实的自动扶梯一一对应。

我们坚持着用户体验感至上。假设这台模型自动扶梯上有一位乘客，我们应该对他负责，保证他的安全，在他乘坐电梯时，让他感到愉悦。正如马斯洛的需求层次理论指出，我们不应只停留在生理或安全，而应该有更高的理想，抱有更高的希望。

我们还应该注意人与自然的和谐。我们采用蜗轮传动的形式是为了减少了电力的耗费与齿轮的磨损；我们尽量减少牵引链与梯路导轨之间静摩擦产生的摩擦力是为了减少噪声；我们选用一些较为鲜艳明亮的颜色是为了融入自然，消除繁华忙碌的大都市中的冷淡。

我们设计的作品里充满了想象力：我们用1×3梁充当梯级轮使用；我们用软十字轴充当梯路导轨的弯曲部分；我们把蜗轮结构应用到本应使用传动带结构的驱动装置；我们还自制转动链轮。

今天，我们做出模型模拟出机器的功能，明天，我们要做造出伟大的机器。中华民族伟大复兴的中国梦还未实现，浩瀚的宇宙中还有很多奥秘未被认知，神秘的生物还未被命名，癌症还未被攻克……总之，在21世纪等待去探索的东西还有很多，我们要再接再厉，迈向伟大的新征程！

扫码观看演示视频

任务 2　旋转木马

创造者：李华晴（北京一零一中学）

在学习乐高的十年中，我做过大大小小几百个成品，大多并没有多么高深的原理和装置，只是单纯的沉迷于结构和零件之间的连接方式，不似这一章前的那些作品，拥有显而易见的难度和逻辑深度。

乐高于我，更像是一种放松的方式，当我感受到齿轮和齿轮之间的啮合，听到销和梁相互固定后的清脆咔嗒声，都会感到一种单纯的快乐。

从这个方面来讲，旋转木马和乐高有着很大的相似性，它们都很简单，却能在简单中带给人们愉悦的感受，并且，旋转木马因为它安静、甜美的特质，频繁出现在各种文

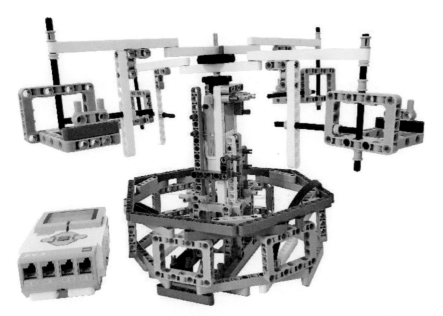

学作品当中，也成为了我最为钟爱的游乐项目，这是一个不需要多少力气也不需要多少精神的游戏。

其实，在最开始我听说要写一本关于乐高的书，我并没有打算参与其内，主要是因为我在2017年的暑假才重拾乐高，大多专业知识都已经淡忘了，而且我生性比较怠慢，这类的事务，一听起来就是一个大工程，自然是被我一推再推。

至于我为什么从最开始的一个字也不愿意写，变为最后担任全书文稿的汇总和初审，自己又陆陆续续地写了几千字，固然有家长和老师的"威逼利诱"，同时也是因为乐高的魅力，不论我离开了它多久，它依旧是能让我为之沦陷的存在，哪怕只是简单的接近，它也有摄人心魄的能力。

（1）开始 💡

想要做出一个大型的作品，那么首先要将整个作品拆分，或者排序，化整为零，将整体拆成许多的部件，然

后逐步完成搭建。

这次的旋转木马，我将其拆分成了底盘、支柱和木马3个部分，每个部分事实上都没有太大的技术含量，掌握基本的搭建原理就可以创造出自己的旋转木马，所以我所探索的就是在这样的简单步骤中，可以有多少种可能，又或者，它有什么我在最初没有发现的困难之处。

这是一个从简单中发现不简单事物的过程，这样的过程在生活中有许多许多，比如当你观察一片最为普通的叶子，然后试着去解释它的存在时，这就是这样的过程，从最为简单的开始解释，为什么叶子是绿色的？——因为叶片的细胞中有叶绿体，而叶绿体的类囊体薄膜上有光合色素，这些光合色素以绿色的叶绿素a为主，那么为什么叶子的边缘是这样的呢？为什么它的脉络是这样的呢？为什么它长在这样的一棵树上而不是另一棵树呢？这只不过是十分普通的叶子，就拥有这样多的不简单之处，那么在我看来简单的旋转木马，也是同理。

（2）底座 ☀

在我们的固有印象中，旋转木马的底座都是圆形的，但是众所周知，我们的EV3除了轮子之外并没有圆形的零件，同时零件的长度也限制了我们无法搭建出一个完美的圆形，所以只能退而求其次选择一个和圆形较为相近的多边形底座。

最初我选择的是一个八边形，用13单位梁作为八边形的边长，如果你现在手边有材料的话可以试一试，那将是一个很大的多边形，对于我的预期而言有些太大，而且八边形的形状无法固定，EV3零件的长度已经很丰富了，但是对于八边形的固定来说还是稍显不足，我最初单纯地设想将两个八边形重叠并旋转一定的角度从而达到互锁的效果，后来发现不论怎么旋转也无法让所有的孔都对到一起，只好作罢。

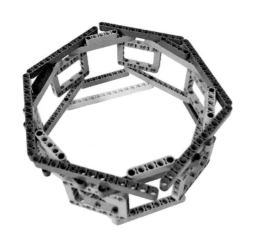

再然后我选择了比八边形更为简单一些的六边形，*在受限的时候，选择稍微偏离预期一些的方法很有可能带来最后的成功*，就是左图所示的深色13单位梁的那一层，再用9单位梁将其连接起来，不过即使是这样，六边形的形状也无法完全固定，在一定程度上仍有晃动，所以之后又添加了5单位梁，用来限制它的移动，在稳定结构的时候，不仅仅直接固定一种选择，还有一种是限制其运动范围，同样也可以使结构稳定下来。

在采用了这样的底层结构之后，我用方形框架拉长了底座的宽度，在这一步，也可以使用梁一层层的叠加，效果也会完全不同。

最后一层就是更加简单的固定，在保证六边形形状的前提下，使用11单位梁或者是9单位梁将其连接，这一步的可能性就更多了，不同的乐高部件提供了上万种可能性，这也是乐高最为有趣的一点，当你想要搭建某个物品时，它虽然有所限制，但是更多的是它无穷的可能性，零件提供的是基础元素，思维是把这些元素编织在一起的力量，正如世界上没有两匹一模一样的绸缎，同样也没有两个一模一样的乐高作品（当然前提是不完全仿照着搭建）。

底座基本完成后，就是它与另一个部分支柱的连接问题了，尽管支柱尚未搭建，但是却要未雨绸缪地为它留出连接的基础。

如何将一个在水平面上展开的底座和一个立在竖直面上的支柱相连接？这个问题中包含两个小的问题，一个是连接的位置，一个是水平面和竖直面的转换。

最初我是打算为底座搭出一个上表面，然后再将支柱固定在上表面上，就如同我们所能看到的旋转木马的外观一样，但是这样不仅耗费材料，同时也会导致重心不稳，于是我决定将支柱搭建在和底座底面同一高度的位置。

现在的底座类似于一个围栏，中间并没有结构，所以支柱没有支撑点，那么我的下一步任务就是为支柱创造出这个支撑点，我选用了两个13单位梁横跨在现有底座的两边，上面就是我为支柱搭建的结构，当然也可以选用其他的方法，比如使用方形框架，又或者是5×7的直角梁。

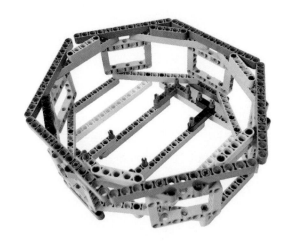

但是这个底座依旧有一些不稳，因为乐高对多边形结构并不是那么友好，所以这个六边形的底座和地面并不能非常严丝合缝地贴合在一起，最左和最右边离地0.1毫米，尽管不影响后续的搭建，但的确是一个遗憾。

后来思考改进的方式，或许最初选择的六边形搭建方式就是问题的源头，如果选择对EV3更有亲和力的四边形或者是三角形，又或者在其中的一些环节采用不同的做法，都有可能解决这个问题。

所以说，我的这个方案明显不是最佳的，只是给出一个思路，接下来还需要更多完善。

（3）支柱 ☀

完成了底座的搭建后，就是支柱的搭建，最开始我的想法是将一个大型电机安装在底座上，运用齿轮的传导带动主轴的转动，但是后来我发现小型电机可以完美满足我的要求，将电机装在支柱中，虽然电机的重量拉高了支柱的重心，但是会省去许多麻烦，所以我果断选择了使用小型电机。

支柱的搭建重点有两个，一个是如何保证其自身的稳定，另一个是如何将其和底座稳定的结合在一起。

正如之前所说，支柱和底座的结合，实际上是两个平面的转换，乐高中的许多零件都可以实现这一点，比如在两个平面上都有孔的方形框架，自己就已经有一个平面上的孔和另一个平面上的销的双连接销，又或者是直角

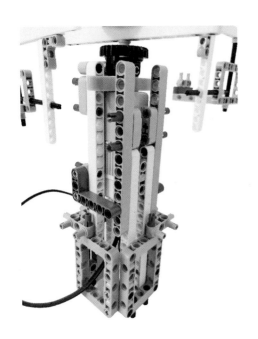

梁。至于选择使用哪一种全凭个人爱好。当将问题提炼出本质后，寻找多种解决方法就会变得容易许多。

另一个重点就是其自身的稳定，这也是EV3搭建中一个十分常见的问题，当我们有了想法之后，落实的过程也是一个自我完善的过程，我可以非常轻松地搭出一个很高的立柱，但是如何保证这个立柱能够承受电机和木马的重量，同时又保证其在转动时能控制住晃动的范围呢？这就是一个比较棘手的问题了。

可能在真正的旋转木马的制作中并不会遇到这个问题，因为它的支柱可以直接一体成形，所以不必担心支柱本身的稳定问题。但是当我们无法用一根梁来充当整个支柱，每个零件之间的结合就变得格外重要。

至于使用什么固定方式，每个人所采取的方法都会不同，有的人钟爱方形框架大接触面带来的稳定性；有的人格外喜欢双连接销，喜爱它带来的更多的连接可能性；有的人喜欢长销，是因为多出来的一段销会给自己留出更多的余地。

（4）木马 💡

木马这一部分包括延伸梁和木马本身的结构。

延伸梁的困难在于如何在轴转动的同时带动梁的转动，关于这个问题我的思路是，因为梁和轴不能不借用任何外物就相互结合在一起，所以我们需要给这两个零件找到一个媒介。

这个媒介既需要同轴一起转动，又需要能和梁固定在一起，翻看我们的备件库，36齿的双锥齿轮，24齿，40齿的齿轮都可以做到这一点，它们既有和轴相吻合的十字孔，又有为销而准备的孔，如此就可以作为轴和梁之间的媒介，完成这一任务。

至于之后的梁的延长和木马的制作更是见仁见智。

在这一次中我并没有模仿木马制作，而是制作了一个类似于座椅的结构，如果想要挑战更高的难度，可以尝试去创作在转动过程中会上下移动的木马，对于这个问题一个可以参考的思路是模仿早期的火车或是活塞，用一个齿条和齿轮结合，达到在转动中实现上下移动的动作。

这一过程依旧包含两个要点：一个是如何用一个电机实现延伸梁和延伸梁上齿轮的同时转动，我的设想是，在主轴上安装一个不传动的齿轮，这样延伸梁上固定的齿轮就会在延伸梁转动的同时和这个齿轮产生摩擦从而转动；另一个是如何将在水平面转动的齿轮转换为在竖直方向转动的齿轮，蜗轮可以轻松胜任，但这绝不是唯一的方案。

到这一步，这个作品就基本完成了。

不过它最后变为一个旋转木马还是一个旋转着的离心机，很大程度上取决于最后编程时设置的电机速率大小。

（5）结束 💡

回顾整个制作过程，最多的一句话就是"还有许多其他的方案"。这也是这本书的一个主旨，它之所以叫做搭建逻辑而并非搭建方法，是因为它更希望向读者提供思想而并非方法。

如果我们给出的是一个精细到每一个销的安放的过程，那么和EV3自带的说明书又有何不同呢？我们希望自己给出的是一本能让读者们有所思考甚至有所感悟的书籍。

任务 ③ 球的穿越

创造者：刘大海

我曾经给某机器人教育机构做了一次培训，培训的主要内容是给老师们设计一个有关球类任务的机器人课程体系。关于球类任务，熟悉乐高机器人的爱好者都知道乐高里的球可以用于很多任务场景，例如机器人取球、运球、扔球和弹射等，技术级别越高，球在机器人手里就越灵活自如。很多机器人比赛也都有球的案例，球是机器人课程或比赛中很常见的任务道具，但如何能把球类任务设计精巧和抽象，需要任务设计者对比赛和课程具有很强的解读能力。

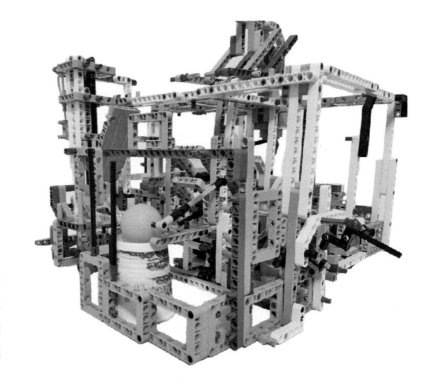

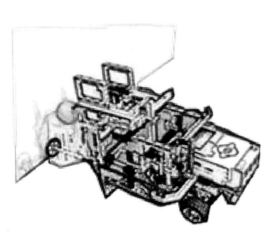

其中，最难的一个环节是球类任务的最后一节主题，一个纸杯紧贴着墙面，纸杯是倒立于地面的，杯子上面有一个停留的乒乓球，机器人需要垂直于墙面的方向走到杯子近前，利用自身的结构触碰墙后完成对杯子的翻转，最终让球掉落到正立着的杯子里。机器人碰到墙面共触发内部两次机械结构，第一次是让杯子旋转，第二次是杯子旋转后，如何避开由于旋转的惯性将球给打到其他位置，这里要进行第二次触发，需要一个自动结构将球给抬起一定的距离，以上两个条件必须要做出非常严谨理性地推断和搭建，稍有不慎任务将很难完成。

我们常把一次触发结构作为学习机器人的从初级迈向中级的一个过程，知道有些任务不是只能靠电机来完成的，这是一次思维的转型、学习模式的转型，但其实这样的学习也只是一个思维意识的转变，距离从应用到学会创造还有一段很长的距离。两次触发结构可以增加一个功能，这样对完成相对难度的任务是有益处的。熟悉FLL比赛的人都知道这个比赛全称是乐高机械工程挑战赛，但很少有人知道这个比赛背后真正被赋予的理念。2012年我曾带队参加全国公开赛并拿到亚军，当时引起圈内一时骚动，毕竟在高手如林的FLL小学组里想收获一枚奖章非常困难。在FLL场地上，很多任务都是抽象的，设计者想要把选手带入一种思维绝境的地步。选手们仅有对比赛项目的笼统理解，就想要取得不错的成绩是不现实的。同样，球类任务让人第一印象感到强大压力和思维模糊，更别说如何设计一个机器人去有效地完成。

> 连续两个触发结构会完成逻辑上较难的球类任务，那么还有没有需要三个结构连续触发的，答案是肯定的，但通过什么样的任务场景表达出来呢？

1.一个想法

前不久和几位学生讨论乒乓球在倒扣着的纸杯里如何被机器人拿出来并放到纸杯上面，电机只是完成机器人起始和结束驱动，不参与核心解决过程，而且乒乓球从出来到上去要在1秒内完成，这种几乎于无解的问题给我们的讨论带来了很强烈的创作冲动。

对于这个任务，我想没有比用结构的连锁反应更值得期待的事情了，它不需要电机做太多的事情。结构的连锁反应就是给机器人一个结构初始力，这个力可以来自于电机或者其他能借助的物体，然后机器人结构会自动运行一个小环节，这个环节运行结束后随即让和它关联的结构再次发生物理变化，以此类推，最后达到任务的完成。

> 当一个齿轮转动时，与它啮合的齿轮也会发生转动，这就是我们通常所指的机械传动，机械传动就是一系列的连锁反应。

我把机器人核心内容分成了3个部分，在接下来的内容里会直接引用这3个部分的字母代替。

A结构：将杯子抬起的自动部分。

B结构：将球打出来的自动部分。

C结构：将球抬到高处的自动部分。

"电机触发A、A触发B、B触发C。"A到C的结构布局从逻辑上是非常合理的，重要的是用什么方式来触发这些结构，如果把运行过程压缩到一秒钟以内，甚至更短，这3个结构必须是接近于一起发生，绝对不能有时间间隔，A结构到C结构如果在0.6秒内完成，算上球到达杯上的时间，整个过程也就只需要0.8秒，如果这个方式能够实现的话，速度将是非常惊人的。

> 皮筋的优势就是它有一股强劲的爆发力，瞬间释放的光芒可以照射整个机器人。

思考再三，最后决定使用皮筋来完成将这3个结构瞬间串联的使命。但使用皮筋着实冒着很大的风险，释放后的不可控需要在实践中非常严谨，每个零件的位置和使用必须好好斟酌。

2.三个小时

带着构思跑到教室开始了机器人的正式搭建，我需要一边搭建一边思考，这样可以帮助作品在每一个节点选择上躲避更多的思维陷阱。

> 思维陷阱：在搭建机器人过程中，容易出现不客观的分析和研究，即思考为逃避工作而出现的快速及不正确的答案。

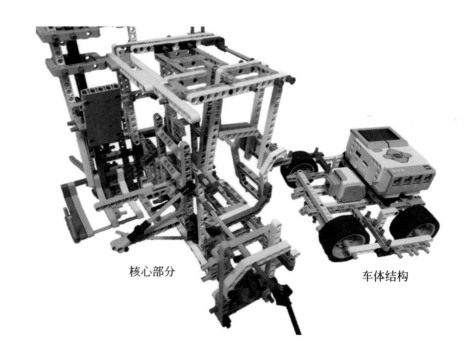

核心部分   车体结构

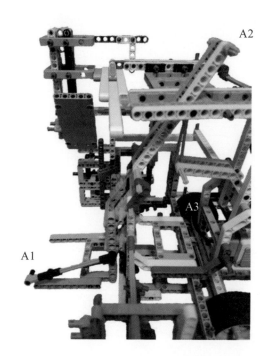

搭建一台机器人车还是很容易的，这辆车的特点是坚固、耐用且不耗油。为什么先搭建车，主要考虑的是所有核心部分可以围绕着车来展开，车也可以成为框架的一个有力支撑点。接下来是主体的搭建。

（1）A结构的搭建 💡

A1是解决抓杯子的，两个梁可以很好地将杯子提起来。

A2是折叠装置，可以将A1抬起一定的高度，也就是将杯子抬起。

A3与A2平齐，这样可以储存皮筋的能量。当电机给A3一个推力时，A3与A2夹角变成锐角后，皮筋就可以释放能量了。

搭建A部分还是比较容易的，左右都留出了B和C结构的空间。设计B结构时花费了点时间，因为让A结构和B结构串联起来，需要A结构运行后能瞬间给B结构一个力，只有这样才能实现从A到B的过渡。从搭建B部分起，读者一定跟上我的逻辑节奏，不然越往后越容易把这些复杂的结构发生顺序给弄混。

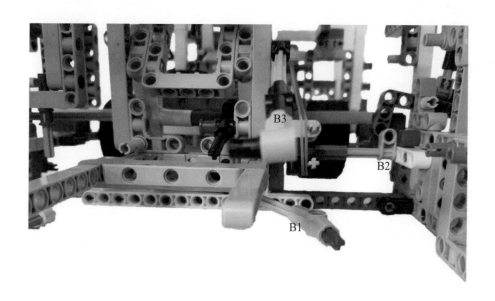

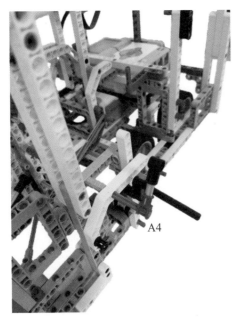

A4

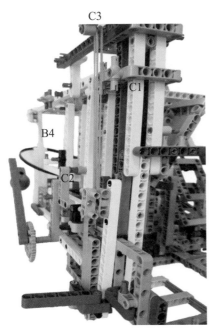

C3

C1

B4

C2

（2）B结构的搭建 💡

B1就是当杯子抬起时，将球击打出来的手臂，这个其实是通过2个4齿的齿轮垂直啮合传动后改变了它的最初运动方向。B2上面有一个传动轴（灰色），轴的左侧是4齿齿轮间的传动，可惜被零件挡住，图片中无法观察到。B2轴的右侧有一个轴销转换器（一侧是圆孔、另一侧是十字孔），它本身是被B3拉动（皮筋向后拉动）往后运行的，当轴销转换器往后运行时，由于4齿齿轮的作用，B1开始从右往左运动。在这里，B1和B2已经被串联上了，由于B2后面被一个直角梁卡住，必须等到直角梁抬起后才能运行，直角梁串联起了A结构。

A结构如何触发B结构：A4部分是由一个红色的连接器和灰色的轴组合的一个手臂，手臂下方就是刚刚提到的直角梁的延伸结构（黑色轴）。当A4向下运行时可以触碰到黑色轴，继而将直角梁另一端抬起，触发B结构。

完成了A和B结构的串联，时间大概过去了2个小时，在这期间遇到的最大问题是框架的布局，担心搭建A部分时把B部分的空间给占用，这是很麻烦的事情，一旦出现这个状况，需要拆除很多零件。自我感觉该考虑的事情在搭建之初都考虑了，但还是忽略了一个细节问题——皮筋的释放需要很大的力，这个问题在C结构中体现得尤为明显。

（3）C结构的搭建 💡

C1是由白色梁和它的右下方（抬起球的装置）组建成可以在滑道（C1白色梁上面的两个梁及其他零件集体构成）里上下移动的结构体系。

C3是皮筋能量存储时的状态，当皮筋释放后，C1被瞬间拉起。

C2是一个复合部分，第一部分是C2白色梁最底端有一个出来的零件，被灰色的直角梁所卡住，这样即便皮筋的力量再大也无法拉动C1，而且C2右侧的红色直角梁很好地帮助C2灰色梁，给它很大的向上阻力，这个阻力足以抵挡橡皮筋的拉力，只有C2灰色部分向后摆动大约半个乐高单位时，皮筋才能释放。

　　B结构和C结构串联起来是通过B4部分，B4标识的上方是一个大齿轮，大齿轮由轴连接器固定在机器人上，也是通过轴连接器的转动而运行，这个连接器的初始动力来自于B2。当搭建到这里时，一股无形的压力陡然而生，我用手掰了掰C2的灰色结构，发现得用很大的力气，这个力气如果换成仅由一个轴传递过来，未必能将C结构触发。最关键的一点是B4齿轮上面手臂的运动方向是由上到下，和C2的运动方向有些矛盾，此时时间已经过了3个小时。

　　从A部分到C部分的搭建过程其实还是蛮顺利的，但还是在搭建C部分时，串联中出现了问题隐患，这个隐患来自于两个方面：第一个是B4的动力会被过度延伸的轴给削弱，B结构的初始动力是在机器人的右侧，而B4是在机器人的左侧；第二个是释放C1感觉有些困难，因为B4运行方向和C2需要的运动方向有些矛盾，违背了力学原理。

　　希望这些糟糕的预感不会成为太大的问题，值得高兴的是机器人的核心框架已经完成。

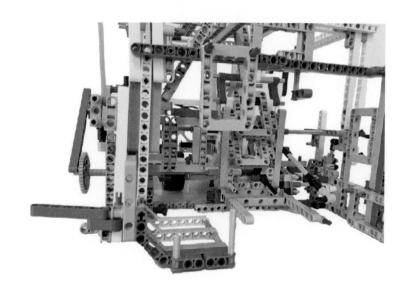

3.A 串联 C

　　从开始设计机器人时，有些隐藏的问题会悄无声息地改变事物发展的轨迹。我对0.8秒是没有多少概念的，不知道在0.8秒内会发生什么，也许能将球顺利地移出去。在我开始测试时，我还是坚信这样的结构没有任何问题，但事实证明我的最初设想是错误的。

　　如果你不带偏见地去考虑问题，如果你思考一下这些准则的一般性质，你就可以得出一个完全不同的结论。因为所有的准则事实上都是实践上的。

——布拉德利

　　如果我没有尝试，而是简单的向读者来述说我的想法，很多人会觉得这是对的，因为我比大多数人有经验，他们会觉得这就是事实。

生活中也经常发生这样的事情，很多人愿意听从有经验的人去表达对一件事情的看法，殊不知他自己也都没有经历过，只是处于对事物多了些了解而产生的自信，但听者大多会照单全收。

但情况并非如此，读者能想到的各种失败场景在近6个小时的试验中全部出现过，在众多试验失败的场景中，我提取了10个典型问题：

① 杯子抬起后马上又掉了；

② 杯子倾斜着抬起；

③ A 结构没能触发 B 结构；

④ B 结构里的打球手臂打到杯子；

⑤ 打到球后，球没能到 C 结构上；

⑥ B 结构无法触发 C；

⑦ 球还没出来时，C 结构已经触发了；

⑧ 3 个结构同时触发对整体结构稳定的影响；

⑨ 球到达 C 结构上的概率很低；

⑩ 即便球到达 C 结构上，C 结构却没有被 B 结构触发。

这些问题都是通过慢镜头的拍摄观察到的，每次测试一遍后，需要把所有触发结构恢复到初始状态。每个环节出现一点点问题都会导致整个任务的失败，由于发生的速度太快，还没来得及反应，问题就出现和结束了。

将问题都找到并解决需要很长一段时间，晚上8点，一个人坐在教室里，天已渐黑，稍显疲惫地盯着桌子上的庞然大物，思绪万千。此时已经将 A 和 B 的串联修改了几遍，算是比较稳定，但对 C 结构的触发还要做大的修改，球如果到达不了 C 结构上，之前的努力都是毫无价值的，就算到了 C 结构上，C 结构还得在非常正确的时间里做出反应，稍快稍慢都不行。

在杯子正上方大约5厘米高度的位置安置了一个固定零件，这可以帮助杯子抬起时触碰到这个零件，零件对杯子向上的运动给予很好的阻力，让杯子到达一定高度后自动掉落下来。

这个想法是在无计可施的情况下琢磨出来的，当思维陷入绝境时，需要做的就是冷静再冷静，让脑海里许多经验和知识互联到一起，引出一个解决问题的答案。

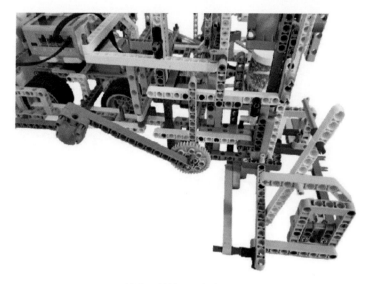

触发C结构用了杠杆原理

> 此刻我意识到不要执迷于曾相信的道理，它们不过是你心灵深处根深蒂固不证自明的直觉和经验，它们可能是错误的，但有时自己却不知道。本书一开始就建议读者不要一味地去模仿和照搬他人的经验和思考方式，有机会一定让自己去尝试和解决问题，读书是去体验别人的世界，若要让自己的世界里有魅力无限的风景，一定要自己行动、感悟、反思和总结，重建对原来领域的认知，这就是所谓的"批判性思维"。

当A和C结构很好的串联起来时，心情很是激动，B结构充当着非常重要的角色，它证明了思维存在的价值——将跨界的事物通过创造力很好的互联。

4.核心问题

> 三国诸葛亮对话鲁肃"何为将帅？"其中诸葛亮提到这么一句话"不可见之兵，日月星辰、风云水火、山川之灵气，如此万物万象均可为兵。"诸葛亮是一位创造型军事家和政治家，他可以利用一切能够利用的资源。

在设计机器人时，什么样的资源可以利用，是由我们的思维决定的，我们可以把皮筋作为资源，也可以将皮筋束之高阁。球的穿越任务，我选择了皮筋，正是因为皮筋的势能让作品趋近于完成。

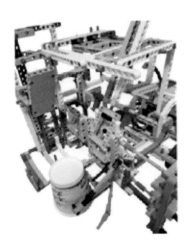

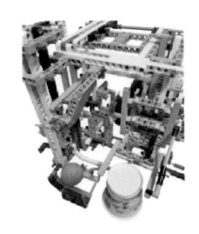

　　A和C的成功串联让我对任务发起了总攻，每次测试都会感受球要到杯子的上面，为保证球被C结构瞬间抬起时能够掉落到杯子上，球的顶端进行了一个运动轨迹的导向策略。但始终没看到这样期盼已久的情景，有好多次是球被抬起后，却停在了C结构上。最令人感到无法相信的是A和C的串联又发生了时间前后的顺序错误，这样的结果是无法让人接受的，究竟是什么原因让结构之间突然出现了之前的问题。

> 　　我们的大脑有两个部分，一个负责决策，当决策受到成功反馈时，大脑另一个结构会释放多巴胺，让我们高兴和继续愿意做出决策，这就是大脑的奖赏机制。
>
> ——鼓励的来源

　　此时，思维所处的环境已经得不到任何的鼓励和赞扬，摆在面前的只有两条路，依靠思维重构走出绝境；放弃0.8秒，找到稳妥的办法，重新修改结构。如果放弃0.8秒，那么不仅之前的很多结构都需要重新设计，而且0.8这个数字也会消失在拆散的零件中。

　　我依然坚持着最初的设想，重新斟酌，这次我没有对结构做出调整，而是对皮筋非常好奇。从A结构到C结构总共用了6条皮筋，难道是皮筋出了问题，一个概念在脑海中瞬间闪过——皮筋的自我消耗。球的穿越对皮筋的要求太高了，A到C时间总共不到0.6秒，无论是A还是C，一条皮筋处于"亚健康"状态，整个串联过程都会有影响。

　　材料在弹性阶段内，其应力与应变成正比，而不是说拉力与伸长量始终成正比！橡皮筋的弹性模量太小，被拉长后，正截面缩小了很多，因此截面上的拉应力在不断变化，而且，它不是绝对的匀质材料，每个截面的收缩量不一样，所以，不可能真正成正比，但是成应变是必然的。请注意这个"弹性阶段内"！橡皮筋的弹性阶段范围不是很大的，肉眼不能分辨，拉伸过程中，很可能产生了塑性变形，那是不可逆转的残余变形！不成正比就很自然了。

　　这个分析如果是正确的，就可以证明为什么在调好各个结构后，随着时间的推移，依然会发生结构触发时间错乱的可能。

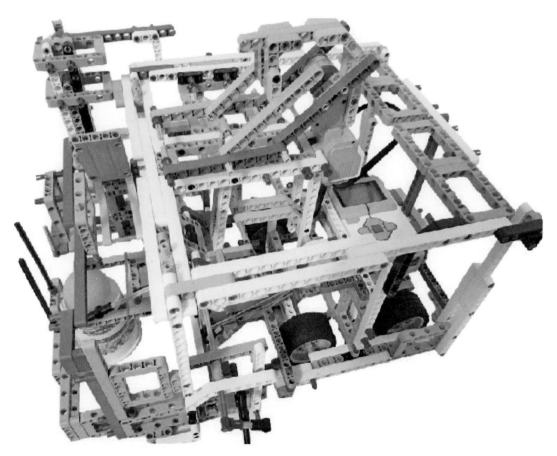

5. 0.8秒

替换掉之前用过的皮筋，又把所有结构重新检查了一遍，测试又一次重新开始。我深刻知道这些新的皮筋在这次任务中的使用周期是非常短暂的，所以为了使任务尽快完成，我必须和时间进行赛跑。

终于成功了！手机记录了球到杯子上的全部过程，0.8秒虽然很短暂，但却耗费了20个小时的设计时间。

> 富有创造力的人彼此之间千差万别，但他们有一点是相同的：他们都非常喜欢自己做的事情。

最后送给读者一段话，希望对你能有所帮助：最大的危险也许不在于我们用以捍卫既定思维体系的自负，而在于我们的自满，因为我们想象不出还会有其他什么思维体系。这种自满意味着我们已经在既有的思维体系中投入了大量的努力、资源、教育和信心，于是我们真正需要的新的思维习惯也就更不大可能形成。由于传统的思维体系占据了所有的资源，简单地说在社会里没有人有空教你如何思考。可，未来不随你的意愿再来，怎么办？

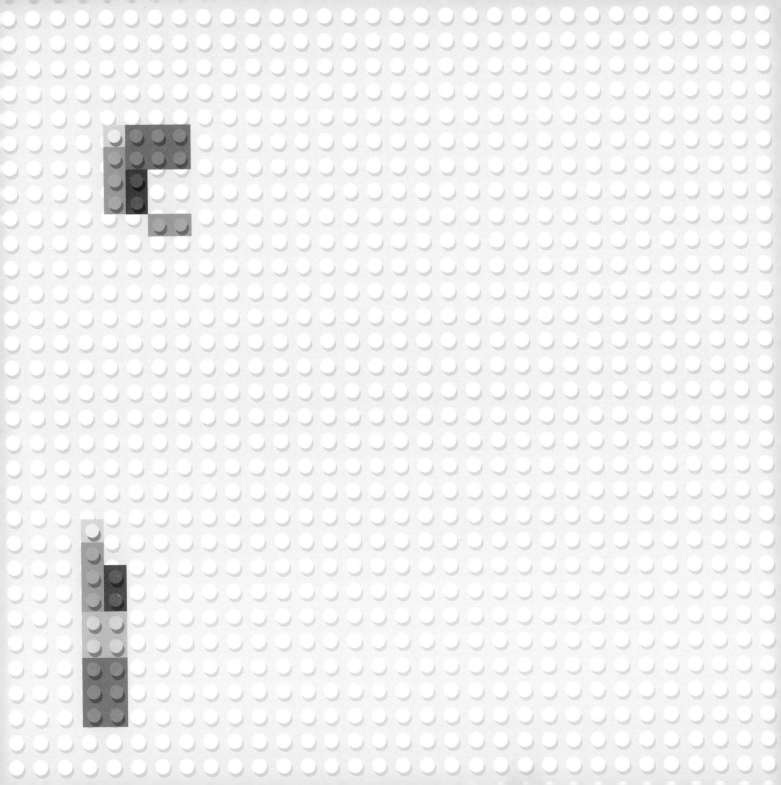